NF文庫
ノンフィクション

帝国陸海軍 人事の闇

藤井非三四

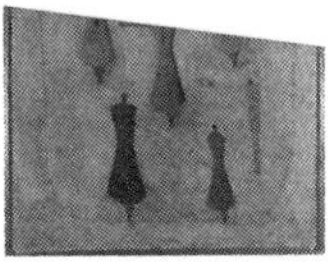

潮書房光人新社

はじめに——軍隊にとっての人事とは

戦争というもっとも苛酷な社会現象に対応しなければならない軍隊にとっての人事とは、人的戦闘力を育成、維持、強化させるためのものとなる。これはほかの組織でも同じことがいえるのだが、軍隊には特異な事情がある。軍隊では、命令と服従という関係が基本となるため、進級と補職という二つの面での人事を同時に進めなければならない。

また軍隊には、こちらの意思に服さない相手を物理的に消滅させる決意があるが、一般社会では警察にもそこまでの覚悟はない。そのため軍隊の人事には、絶対的な権威付けが求められてくる。そして軍隊には、その国のあらゆる階層の人が集まっており、誰をも公平に扱わなければならない。

軍隊とは、人的戦力と物的戦力の複合体というイメージで捉らえることができる。まず目が向くのは物的戦力だが、それを動かしているのはヒトだ。ヒトすなわち人的戦力でも目に見えない要素、すなわちその構成員が価値観、目的意識、連帯感などを共有しているかどうかが問題となる。もしそれらが徹底していなければ、十分な物的戦力を保持していても、それを効果的に運用することはできない。

そこでそれらの意識を醸成し、定着させる基盤を造成するのが軍隊における人事だ。これを言い換えれば、無機質的でまとまりのないものに命を吹き込み、それを有機的な結合体とする行為、それが軍隊での人事ということになるだろう。

これは一般社会の組織でも同じことがいえようが、軍隊は国家の命運を担うから、人事はより強調される。社会全般が複雑になった現代における軍隊の人事とは、戦力、規律、士気の維持と増進、適切な補任、さらには個々人の安全や健康の管理にまで及ぶ。そしてそれは人事権を根拠として指揮官自ら行なうものとされるので、そこから「人事は統率」と語られることになるわけだ。

今日でも人事には定型がないとされるが、旧日本軍でもこれといった原則めいたものはなかったようだ。人事施策の四つの基本形とされる、情実、年功、学歴、能力、さらには最近になって注目された成果主義までをも柔軟に組み合わせていた。そのため、人事の実態は理解しにくいものとなっている。

旧陸海軍の歴史を追うと、なんでこんなことが起きたのかと思えば、そこには必ず人事の問題が伏在している。こんな事態がよくぞ収まったと思うと、それは人事によって解決したというケースも多い。

そんなことで、旧陸軍の人事について興味を持ち、光人社NF文庫で『陸軍人事』『昭和の陸軍人事』『陸軍派閥』と三冊も取り上げていただいた。語り尽くせない部分、特に海軍を取り上げないのは片手落ちと考えるようになった。その辺りを理解していただき、続編の形で出版の運びとなった。編集して下さった小野塚康弘氏に感謝したい。

二〇二一年　師走

藤井非三四

帝国陸海軍 人事の闇——目次

第三章　一本道ではない大将街道

第四章　人事部局と進級・補職の施策

第五章　公正な人事を阻んだもの

第六章　破局へと連なる人事

帝国陸海軍　人事の闇

第一章　陸海軍の人的構成

◆幹部は全員「同窓生」という集団

戦前の日本における陸軍と海軍は、ともに戦闘能力を直接発揮する組織を「軍隊」とし、それを指揮する権能が与えられた軍人を「兵科将校」と称していた。長らくこの兵科将校は、陸軍では牛込区市ケ谷（現在、防衛省が所在）にあった陸軍士官学校（陸士）、海軍では広島県江田島（現在、海上自衛隊の幹部候補生学校と第一術科学校が所在）にあった海軍兵学校（海兵）でのみ養成されていた。

いわゆる軍隊のほかに、陸海軍を構成しているものには、官衙（陸軍省や海軍省などの役所）、学校（歩兵学校、砲術学校など）、機関（工廠、病院など）があるが、その多くは兵科将校が管理し運営していた。すなわち戦前の日本の武力集団を統轄していたのは、陸士と海兵の卒業生ということになる。あれほど大きな組織を支えていたのは、同窓生の先輩、同輩、後輩となるわけだが、陸海軍はどうにも理解しがたい薄気味悪い印象は、まずここから生まれたといってよい。

組織を管理する中核要員は実質上、ほぼ全員が同窓生という集団は陸海軍のほかにもあった。内務省（昭和二十二年に廃止）、大蔵省（平成十三年に財務省と改称）がその代表だ。警察や地方自治までを管轄していた内務省は、「天皇の軍隊」に対する「天皇の官僚」と自負していた。このどちらも第一高等学校、東京帝大法学部を優秀な成績で卒業し、高等文官試験（高文、現在の国家公務員試験I種）で上位一割に入った者が入省していた。ここでは東京帝大の同窓会だが、あくまで高文の結果であり、かつ本人の志望によるもので、陸海軍のように陸士、海兵に入校した時から就職先はただ一つというわけではない。

陸士、海兵の各期同窓会の連合体、それが陸海軍ということになるが、これは軍隊としてメリットのある構造だ。大元帥の天皇から中隊長に至るまでの指揮権の連鎖、そして各級指揮官同士の横の連帯を考えるならば、全員が同窓生というのは都合がよい面もある。価値観の共有ということが期待できるからだ。また、先輩、同期、後輩という個人的な関係は、軍隊の命脈となる命令と服従という関係を円滑にし、かつ強化するだろう。

同窓生ということで、それぞれの止まり木が定まっていることは、上下関係が厳しい組織では都合がよい。ところが、後述する進級抜擢制によって同期の間で階級の上下が生じる。それは同期の間に、指揮する者と指揮される者という関係が生まれるということを意味する。さらに先輩が後輩に指揮されるという関係も生まれ、職務は職務とドライに割り切る思潮が定着していない日本では問題となる。

各国は日本と同様、中核は同窓生で固めていたのだろうか。海軍ではその傾向にあったようだ。英海軍のダートマス、米海軍のアナポリス、そして日本海軍の江田島、これが「世界の三大海軍兵学校」と称されていた。ドイツのフレンスブルク、フランスのブレストも有名だった。ただ英海軍では、パブリック・スクール修了者をダートマス卒業生と同等の資格で士官候補生として受け入れていた。また、西欧各国では階級絶対が定着しているからか、同期だとか同窓という意識は薄いように見受けられる。

陸軍では、複数の幹部養成機関を設ける国が多い。米陸軍ではウエスト・ポイント（ミリタリー・アカデミー）だけと思いがちだが、各地に半官半民のような軍事学校（ミリタリー・インスティチュート）があり、バージニアやテキサスのものが知られている。第二次世界大戦中、陸軍参謀総長だったジョージ・マーシャルは、バージニア軍事学校の出身だった。

英陸軍では、長らくウールウィッチとサンドハーストの二本立てだった。前者は砲兵と工兵、後者は歩兵と騎兵を養成することから始まった。フランス陸軍も同じで、砲兵と工兵の養成はエコール・ミリテール、歩兵と騎兵はサンシールという時代が長かった。

日本陸軍が範としたドイツ陸軍だが、その将校養成にはドイツ独特な地域分立という事情があった。プロイセンはベルリン、ケーニッヒスベルク、ブレスラウの三カ所に士官学校を置いており、バイエルン、ザクセン、ヴュルテンベルクなどの各邦にもいくつかの士官学校があった。一八七一年にドイツは統一されたが、士官学校が統合されることなく、第一次世界大戦を迎えている。

第二次世界大戦でドイツ陸軍を代表する二人、エーリッヒ・フォン・マンシュタインとハインツ・グデーリアンの軍歴の始まりを見れば、ドイツ陸軍の事情が理解できよう。マンシュタインは、ホルシュタインのプレーンにあった幼年学校に入り、ベルリンのグロース・リヒターフェルデの中央幼年学校に進み、士官学校はコブレンツ付近のエンガーだった。グデーリアンは、バーデンのカルルスルーエにあった幼年学校に入り、中央幼年学校に進み、士官学校はロートリゲン（ロレーヌ）のメッツだった。この二人、ともにプロイセン人だが、これだけの違いがあった。

このように見てくると、旧日本軍の兵科将校の補充源を陸海軍一つずつに絞っていたことは、世界的に見て特異だったといえよう。そのためもあり、旧日本軍は陸士、海兵の卒業期別の人事管理が徹底し、常にこの「期」が強く意識されていた。敗戦となって陸海軍が解体されてからも、旧軍人は「期」にこだわり続け、部外者がその話に加わりにくくしていた。あれは単なる郷愁かと思えばそうではなく、あの社会はこの「期」を基礎として築かれたものだから、常に「期」を意識しなければ話が進まないからなのだろう。

陸士は少尉任官まで部隊勤務（隊付勤務）をしない士官生徒制度で始まり、この一期生は明治十年十二月に少尉任官となっている。この制度は明治二十二年七月に少尉任官の一一期生まで続き、卒業生の合計は約一三〇〇人だった。これを「士官生徒何期」もしくは「旧何期」と呼ばれている。

　隊付勤務をしてから陸士に進むのが士官候補生制度だ。この一期生は明治二十四年三月に少尉任官だった。そして昭和二十年八月に在校中の六一期までとなり、卒業生の合計は約五万人とされる。これは「士候何期」、単に「何期」とも呼ばれる。たまたま、士候一期生の多くが明治元年生まれであったため、士候の期とその人が生まれた明治の年号がおおむね一致する。

　海兵は明治六年十一月卒業が一期生となり、制度が変わらず終戦時に在校中の七八期生に至る。卒業生の合計は約一万一〇〇〇人、終戦時の在校生は約一万五〇〇〇人にも上るという。海兵の期から一五を引くと、その人が生まれた明治の年号がおおよそわかり、同期相当となる陸士卒業生を割り出すこともできる。

　例えば山本五十六［新潟、海兵三二期、砲術、海大甲一四期］は明治十七年四月生まれ、同年十二月生まれの東條英機［岩手、東京幼年、陸士一七期、歩兵、陸大二七期］と同期相当となる。この二人、陸海の航空本部長を同じ頃に務め、顔を合わせる機会も多かったが、山本は東條にぞんざいな口をきいていたといわれるが、同期相当で八カ月年長だったからで、それ以上の深い意味はないようだ。

◆純血主義を貫いた海軍

山本五十六

東條英機

兵科将校という戦闘集団の中枢を担う者が全員、同窓生だということは、純血集団を純粋培養していた、もしくはそうしようとしていたといえよう。教育の場所が人里離れた辺境の地にあり、自給自足の修道院のように一般社会から隔絶した環境にあれば、それも可能だろうが、二〇世紀の日本ではまず無理な話だ。ところが日本海軍はそれを追求し、相当程度まで純血集団であり続けたように見受けられる。そして今日、海上自衛隊となっても往時のように純血集団に憧れているかのように見える。軍艦旗と寸分違わぬ自衛艦旗にこだわる姿勢は、その現れではなかろうか。

では、なぜ旧海軍は純血集団を追求できたのだろうか。その背景だが、まず教育の場を瀬戸内海の小島、江田島に設けたことが上げられよう。次いで海兵の入校資格と身体検査の合格基準も深く関係している。また、中国からの留学生や朝鮮半島出身者を一切受け入れなかったことも、純血集団であることを意識させた。さらに海兵在学中はほとんど水兵と接触する機会がないので、自分達はノーブルで純粋培養されているとの意識が植え付けられたのだろう。

東京・築地の旧浅野藩邸に海軍操練所が設けられたのが明治二年九月、これが翌年十一月に海軍兵学校と改称された。そして明治二十一年八月、海兵は広島県江田島に移転された。海兵一四期生が築地の最後の卒業生となるが、終戦時に首相だった鈴木貫太郎［千葉、海兵一四期、水雷、海大甲一期］もその一人だ。カッターや水泳などの訓練環境が悪化したため、軍学校は文化の中心地になければならないとの反対論を押し切って江田島移設となった。話を面白くすると、築地といえば新橋、柳橋の花街のすぐそば、「おいで、おいで」と手招きされるような場所では武人を育成できないということだ。

それにしても江田島とは、随分と思い切ったところだ。これは英海軍が海兵をイギリス南西端のコンウォール半島、ダートマスに置き、付近のプリマス軍港とセットにしているのをモデルにしたとされる。日本では江田島と呉のセットだ。また付近には、海上交通の守護神を祠る厳島神社が鎮座する安芸の宮島があることも選定の一つの理由だったはずだ。実際、海兵の名物行事とされる弥山登山走、遠泳、短艇競漕など宮島を舞台とするものが多い。

今日なお江田島といえば、海上自衛隊の諸施設のほか切串と秋月の弾薬庫が知られているくらいの僻地だ。明治、大正の頃、どんな田舎か容易に想像できよう。そんな環境ならば、社会の荒波に翻弄されることなく、真っ白な紙に理想像を描ける。その作品が純血集団だ。まさに「居移氣」（居は氣を移す『孟子、尽心章句上』）となる。

海兵の入校資格は、中学四年一学期修了程度の学力、入校時の年齢が一六歳以上、一九歳未満となっていた。これはあくまで学力であって、中学四年に在学している必要はない。しかし、現実問題として中学四年の学力は、独学での習得はむずかしい。特に代数と英語が問題だ。海兵の筆記試験の初日は代数と英語で、どちらかが基準点に達しなかったならば、それ以降の試験は受けることもできない。そのため、高等小学校卒業だけの学歴で海兵の試験を突破した人はごく限られているはずだ。

このような試験の結果、海兵には中学に通わせることができる資力のある家庭の子弟が集まるということになる。それは社会の格差が教育の場に持ち込まれることをかなり防げることを意味する。逆境に育ったため、海兵に入って世間を見返してやろうとか、はなはだしくは軍人になってなにか大事をやらかそうとかいう異端児の闖入も警戒しなくてよい。また、年齢制限から陸海軍を問わず、すでに軍籍にある者も応募できない。ただ、陸軍幼年学校の在校生や海軍の飛行予科練習生（予科練）は、年齢からすれば海兵を応募できるが、そんな突飛なことをしても、願書を受理してくれないで終わる。

海兵は競争率が三〇倍近い超難関校として知られていた。学術試験もさることながら、それに先立って行なわれる身体検査の合格基準も厳しかったので狭き門となる。その主な合格基準は、身長一五二センチ（五尺）、体重四五キロ（一二貫）、肺活量三〇〇〇立方センチ、裸眼視力一・〇以上、眼鏡不可というものだった。この身体検査で応募者の四割が不合格となるのが通例で、筆記試験に進められなくなる。筆記試験や口頭試問に合格してからも身体検査があり、せっかく江田島まで来たのに帰郷という悲劇も少なからずあったという。この不合格の主な理由は、発育不全・身体薄弱、視力不足、呼吸器系の既往症だった。

出願する本人は、自分がこの身体検査の合格基準に収まっているかどうか、おおむねわかっている。それなのにどうして四割もの不合格者を出すのかといえば、検査の判定が微妙で、ひょっとしたら拾ってもらえるのではないかとの希望があるからだ。特に身長の「尺足らず」、体重の「貫足らず」だが、体格のバランスがとれていれば、多少足りなくても大目に見てくれたようだ。少尉に任官する三年後、四年後に基準値に達していればよしとしていたのだろう。

ところが「尺足らず」のまま少尉に任官してしまったが、ここで予備役編入にすることもできず、そのままにしたケースも多かったという。本人は「五尺」と申告して軍歴を重ねて行く。海軍の兵科将校は全体的に小柄との印象があるが、小柄だと敏捷というイメージにつながる利点はある。

しかし、どうしても大目に見てくれないのが視力だ。海上勤務では、視力は命だ。波しぶきを浴びながらの勤務だから、眼鏡をかけていては役立たずになるしかない。そこでこの裸

秩父宮雍仁

高松宮宣仁

眼視力一・〇以上、眼鏡不可は厳格に守られていた。昭和天皇の直宮だった秩父宮雍仁〔東京幼年、陸士三四期、歩兵、陸大四三期〕と三笠宮崇仁〔陸士四八期、騎兵、陸大五五期〕は眼鏡をかけていたが陸軍に進み、海軍に進んだ高松宮宣仁〔海兵五二期、砲術、海大甲三四期〕は晩年まで眼鏡をかけなかった。視力については、皇族ですら特例はなかったわけだ。

この眼鏡不可は、当初考えもしなかっただろう効果を生んだ。眼鏡をかけている者が皆無となると、それを外から見る人も、その構成員自身も、統制のとれた純血集団とのイメージを抱くようになる。これは形から入る軍隊にとって重要なことだ。旧ソ連軍の自動車化狙撃部隊（歩兵部隊）では、眼鏡は一切禁止とされ、それが精強だというイメージを増幅させていた。昨今、世界が注目している北朝鮮軍だが、報道される軍事パレードの映像を見る限り、眼鏡をかけた兵員は皆無だ。そこから生まれる不気味な雰囲気を北朝鮮は、心理戦の一環として十二分に活用している。

なお、陸海軍の経理学校は、眼鏡可で矯正視力が問題とされた。その結果、眼鏡をかけていない者のほうが珍しいことになった。これを外から見ると秀才の集まりと受け止めると思うが、それは日本人だけが抱くイメージで、外国人には通用しないかもしれない。

陸士は明治三十三年から四十三年まで中国（清国）からの留学生を六〇〇人以上も受け入れていた。留学生のみの区隊を編成し、校舎や隊舎も日本人とは別だったが、区隊長は日本人だった。蒋介石は日本留学公費生試験に合格、明治四十一年に来日して陸士の予備校の振武学校に入校した。明治四十三年に一六人の隊付士官候補生の一人として野砲兵第一九連隊（新潟県高田）に入営した。ところが、明治四十四年十月の武昌蜂起（辛亥革命）となったため急ぎ帰国し、蒋介石は陸士に入校することはなかった。

また、陸士は朝鮮半島出身者も陸士二六期から合計約八〇人を入校させている。もちろん、これはまったく日本人と同じ扱いだった。B級戦犯としてフィリピンで処刑された洪思翊［京畿道、陸士二六期、歩兵、陸大三五期］は、陸大にも進み、終戦時は中将だった。韓国独立後、この陸士出身者が中心となって韓国軍の創建に当たり、陸軍参謀総長を三人、空軍参謀総長を四人輩出している。

これに対して海兵は、要望がなかったということもあり、留学生を一切受け入れなかった。これは各国共通のようで、米海兵のアナポリスも一九〇六年以降、留学生を受け入れていない。また、海兵に入校した朝鮮半島出身者は一人もいない。組織を揺り動かしかねない異端分子は、最初から拒絶するという姿勢だった。これを国粋主義としてよいかどうかわからないが、自分達は純血集団という孤塁を死守しているのだという意識につながるのだろう。

海兵には将校の教官、下士官の教員が配置されており、軍事学の教育や体育、武道の指導に当たっていたが、近き将来、統率、統御することとなる一般水兵と接する機会はほとんどない。海兵を卒業して練習艦隊に乗り組み、近海巡航、遠洋航海に出て初めて一般水兵と接することとなる。これは士官生徒制の陸士と同じ制度となる。兵卒と一線を画するということで、ノーブルな気質が育まれるとされる。これでまた海軍の兵科将校は純血集団だという意識が強くなる。

そして海軍の兵科将校が血統書付の純血集団と意識するようになった背景には、海兵では全員が英語だけを学んだことが上げられる。それは戦略、戦術などを英海軍から学んだと同義だから、意思統一が図りやすい。そこが陸軍と大きく異なる。陸軍はドイツ語、フランス語、ロシア語、英語、中国語を学んだ者の混成だった。

◆「雑種」にならざるをえない陸軍

陸軍も兵科将校を純血で固めたかっただろうが、海兵の数倍もの人数を集めなければならないだけでも、寄り合い所帯の「雑種」にならざるをえなかった。ドタバタ騒ぎの草創期はさておき、教育制度が整ってからも、さまざまな経歴の人達が陸士に集まっていた。

長らく陸軍次官を務め、陸相在任中に急逝した石本新六〔兵庫、陸幼、陸士旧一期、工兵〕、三長官（陸相、参謀総長、教育総監）すべてを歴任し元帥府に列した上原勇作〔宮崎、陸士旧三期、工兵〕の二人は、大学南校（東京大学の前身）から幼年学校、陸士に進んでいる。このような超エリートの転進組がいる一方、下士官を養成する教導学校に入り、軍曹に任官してから、陸士に進んで大成した人も多い。陸相、首相を務めた田中義一〔山口、陸士旧八期、歩兵、陸大八期〕、長らく参謀総長だった鈴木荘六〔新潟、陸士一期、騎兵、陸大一二期〕はこのコースだ。二・二六事件で殺害された教育総監の渡辺錠太郎〔愛知、陸士八期、歩兵、陸大一七期〕は、甲種合格で在営中に陸士に応募、合格して兵科将校の道を歩み出している。

田中義一

渡辺錠太郎

陸軍での兵科将校育成制度は、時代によって変遷を重ねたが、ここでは陸軍幼年学校が六校（仙台、東京、名古屋、大阪、広島、熊本）が揃い、中央幼年学校があった時代で見て行きたい。明治三十年から大正九年まで、陸士の期では一五期から三五期までとなる。もっともしっかりとした教育を受け、激動の昭和期、陸軍を支えた人達となり、合わせて約一万二六〇〇人だった。

終戦時、現役に残っていた一五期生は、参謀総長の梅津美治郎［大分、熊本幼年、陸士一五期、歩兵、陸大二三期］と侍従武官長の蓮沼蕃［石川、陸士一五期、騎兵、陸大二三期］の二人だけだった。三五期生はほぼ全員が現役で、先頭は五〇人の大佐だった。皇族や特別進級を除き、大将は二〇期まで、中将は二九期まで、少将は三三期までとなる。なお陸士一九期は日露戦争中の臨時募集の期で、約一二〇〇人入校という大きな期だが、ほぼ全員が中学出身者となる。

幼年学校の応募には、満一三歳以上、一五歳未満という年齢制限があり、中学一年二学期修了相当の学力が求められたが、学歴は問われなかった。中学一年程度の学力ならば独学でも通用するから、高等小学校だけという合格者も珍しくなく、幕僚独走の代名詞ともなった辻政信［石川、名古屋幼年、陸士三六期、歩兵、陸大四三期］もそんな一人だった。幼年学校の試験には特色があり、代数が満点ならばほかが霞んでいても合格としたと伝えられている。なお、軍学校に合格して入校すると、直ちに軍籍に入り、兵役義務を果たすことになる。

ため、この試験は「召募試験」と称していた。

　幼年学校の身体検査の合格基準だが、一三歳で身長一三一センチ（四尺三寸）以上、体重四〇キロ（一一貫）以上とはなっていたが、これを満たしていなくとも合格にしていたという。育ち盛りの年頃だから、「尺足らず」「貫足らず」でも大目に見て、陸士入校時に五尺で一二貫になっていればよろしいということだった。視力は裸眼視力〇・七以上が求められたが、採用後に視力が低下した場合、眼鏡をかけることが許された。

　児童といってもよい年頃の少年を集めて教育する幼年学校はなぜ必要だったのか。当初は戦没軍人の遺児、経済的に恵まれない軍人の子弟の育英という目的があった。陸軍次官を務め、A級戦犯で刑死した木村兵太郎（埼玉、広島幼年、陸士二〇期、砲兵、陸大二八期）は、日清戦争で戦没した木村伊助少佐の遺児で広島幼年に進んだ。一般の自費生徒は毎月一二円納付していたが、遺児生徒は全額免除、陸海軍尉官の子弟は半額免除となっていた。なお、陸海軍を通じて学費を納付しなければならない学校は、幼年学校だけだった。それには、ある面で貴族的であるべき兵科将校の矜持を早くから植え付けようという考え方があったからだろう。

　時代を追うにつれ、遺児育英という目的も薄れ、それに代わって語学教育の問題が重視されるようになった。当時も中学校のほぼすべてが、語学教育は英語だけだった。そこで軍事に必要なドイツ語、フランス語、ロシア語の教育は、陸軍が自前で行なわなければならなかった。語学は若い頃から始めると伸びるとされるから、そこに幼年学校の存在意義があるとされた。幼年学校と聞けば、まさに血統書付の純血集団かと思えば、学ぶ語学が異なる者の集まりで、それからすれば「雑種」ということになろう。

さらに幼年学校六校には、それぞれに独特な校風があり、その違いは明瞭だったという。まず東日本だが、仙台幼年には戊辰戦争の遺恨が残る地域から集まっていたからか、ここの卒業生はどこか屈折していて、癖のある人が目立つ。狷介と評してもよいだろうが、その代表が石原莞爾［山形、仙台幼年、陸士二一期、歩兵、陸大三〇期］となる。太平洋戦争開戦時の参謀本部第一部長の田中新一［北海道、仙台幼年、陸士二五期、歩兵、陸大三五期］もかなり変人だが、仙台幼年出身と聞いて納得だ。

東京幼年には高級軍人や裕福な家庭の子弟が集まっていたこともあり、高慢さが見え隠れしていたように思う。東條英機がその代表とでもなろうか。また、語学に強い秀才を多く生んだのも東京幼年の特色とされる。

名古屋といえば温和な土地柄と思うが、名古屋幼年ではなぜか地域対立が目立ち、意外と殺伐としていたという。大正十二年の関東大震災の折、東京憲兵隊の甘粕正彦［山形、名古屋幼年、陸士二四期、歩兵、憲兵転科］は、無政府主義者とされる大杉栄を殺害したが、この二人そろって名古屋幼年出身だった。大杉は決闘騒ぎを起こして退学処分、甘粕も乱暴で知られていた。

大阪といえば商人の町だが、大阪幼年は武道が盛んで、そのため体を壊す人が多かった。作家に転じた山中峯太郎もここ出身で、体を壊して一期遅れている。また、威勢の良い人も多く、「万年青年」といわれた後宮淳［京都、大阪幼年、陸士一七期、歩兵、陸大二九期］はここ出身だ。

中国・四国から九州は、明治建軍の経緯からして初めから優勢だった。広島幼年は大将を五人も生んで知られるが、なぜか天才じみた人がでることでも有名だった。幼年学校から陸大まで首席か次席で通した橋本群［広島、広島幼年、陸士二〇期、砲兵、陸大二八期］、作戦の神童とされた鈴木率道［広島、広島幼年、陸士二二期、砲兵、陸大三〇期］は、ここの代表選手だ。

熊本幼年は尚武の地にあるだけあって、勇猛果敢な人を多く生んでいる。昭和維新を先導した桜会は、橋本欣五郎［福岡、熊本幼年、陸士二三期、砲兵、陸大三二期］、長勇［福岡、熊本幼年、陸士二八期、歩兵、陸大四〇期］と熊本幼年の出身者が目立つ。同時に怜悧な能吏タイプも多く、梅津美治郎や綾部橘樹［大分、熊本幼年、陸士二七期、騎兵、陸大三六期］がその代表だ。

各幼年学校で三年、続いて中央幼年学校で一年八カ月修業ののち兵科が決められ、隊付士官候補生となって各部隊に配置される。この六カ月前から満一六歳以上、二〇歳未満の陸軍部外から採用された者が隊付勤務をしている。このほとんどは中学四年修了者で、身体検査の基準は、身長一五〇センチ、視力は〇・六以上とされ、眼鏡も認められていた。

加えて満二六歳までの現役下士官、満二五歳までの現役兵も陸士の召募試験に応募でき、合格すれば隊付士官候補生として合流してくる。この陸軍部内からの者は、年に数人といったところだ。部内出身者は語学や数学のハンディがあったが、それでも陸士をトップで卒業した人もいる。大東亜戦争の緒戦、香港攻略戦で独断専行、英軍の防衛線を一挙に突破し、ガダルカナルでも勇戦健闘、個人感状を二度受けた若林東一〔山梨、陸士五二期、歩兵〕は、軍曹から陸士に進んだ人で、陸士五二期の首席だった。

隊付勤務を終えて陸士に入校すると、出自を異にする者が集団として接することになり、なにかと問題が生じる。部内出身の年長者は人数も少ないが、超然と構える別格の存在だ。ところが、まだ若い幼年学校出身者と中学出身者は反目し合う。幼年学校出身者は、自分達はカデット（幼年学校生徒）だと誇り、なにかあればカデット、KDを連発する。このDを強く発音するから、中学出身者はこれを「Dコロ」と呼ぶ。そこでDコロは、中学出身者などは「空包（プラッツ・パトローネ）」だとし、これを「Pコロ」と呼んだ。

このDコロとPコロのいがみ合いは、どんなものだったのか。多くの人の回想によれば、「自分の頃は、これといったこともなかったが、以前はかなり激しくぶつかったと聞いている」とか、「いろいろあったが、任官して数年たてば幼年学校出、中学校出との意識はなくなる」といった曖昧な話になり、その実態は判然としない。まだ十代の若者、しかも武窓を志したのだから血の気は人一倍だろうし、毎日武道の稽古をしているのだから、つい手が出る、足が出るのも無理からぬことだ。若いうちから老成しているようでは、軍人として使いものにならないともいえよう。

大正初頭の頃のことだが、陸士ではＤコロとＰコロの乱闘騒ぎが頻発し、改善策が練られた。そんなこともあり、大正九年に兵科将校の養成制度が改正されたのだと語る人もいる。中央幼年学校は陸士予科に改組され、幼年学校、中学校、陸軍部内の各出身者は、一律ここに入校させて同化を図った上で隊付士官候補生となり、それから陸士本科入校という制度になったする話も説得力がある。陸軍の兵科将校は陸士出身者のみとはいうが、その実情はこのように込み入っており、「雑種」と評するほかなかった。

また大正九年には、陸軍補充令が改正されて少尉候補者制度（少候）が設けられた。特務曹長の階級に二年以上おり、連隊長や学校長が推薦した者を試験で選抜し、陸士で一年修業の己種学生として少尉に任官させる制度だ。この少候一期は大正九年十二月入校、十一年二月に少尉任官、士候三三期相当となる。この少候制度は昭和二十年七月卒業の二六期までとなっており、合計約一万三〇〇〇人の兵科将校を送り出している。

日本陸海軍の下士官は、世界的にも高い評価を受けていたのだから、それを選りすぐった少候出身の兵科将校は抜群の能力を発揮して当然だ。ところが陸軍の人事当局は、少候出身は士候出身よりも一〇歳から一五歳も年長だから体力的に無理だとして、長らく中隊長に補職しなかった。人事管理上、中隊長を務めなければそれからの道が開けず、折角の制度も持ち腐れになっていた。

ところが大正十年から歩兵科の士官候補生が二〇〇人を切り、これが中隊長に上番する頃には、人員のやり繰りがつかなくなった。そこで昭和十二年度から少候出身者を中隊長に補職することとなり、この施策は大好評だった。支那事変が始まると、今度は歩兵大隊長が埋まらないとの悲鳴が上がった。そこで昭和十三年九月から少候出身者を大隊長に補職することとなり、これまた好評だった。

戦局も押し詰まり、本土決戦のための「根こそぎ動員」となるが、今度は連隊長に充てる大佐が足りない。少候は士候よりも進級が三年遅れという内規があったため、少候出身の大佐がいない。そこで戦時の特例ということで、少候出身の中佐数人を歩兵連隊長に補職した。これが実戦に投入されたことはなかったそうだが、中隊長、大隊長の例から見て、士候出身の大佐の連隊長と比べてもなんら遜色はなかったはずだ。この少候出身者の扱い方だけを見ても、陸軍の人事施策には問題があったことがわかる。

◆武窓に進んだ人達

敗色が歴然とした昭和二十年二月、首相経験者が個別に意見を天皇に奏上することとなった。近衛文麿は上奏文という形を採ったが、その中の一節には「職業軍人の大部分は、中以下の家庭出身者にして、その多くは、共産的主張を受け入れ易き境遇にあり」とある。なんの「中以下」かはっきりしないが、共産主義とからめたのだから、経済的な「中以下」なのだろう。

江戸時代、「公家だ、堂上だ」と胸を張っていても、その家計は火の車で惨めな毎日だった。そんな中で最高の家禄を得ていたのが五摂家筆頭の近衛家で、伊丹在の二八六〇石だった。権勢を振るった西園寺公望は家禄五九七石の家の出だ。それなりの藩の家老以下の家禄だった。公家出身で中将まで進んだ町尻量基［京都、名古屋幼年、陸士二一期、歩兵、陸大二九期］の家は三〇石三人扶持で、御家人の最低のレベルだ。明治維新となって公家は一躍、栄耀栄華をきわめたかといえば、そういうことでもなかった。

これに対して軍には、数こそ少ないが大名家を継いだ者もいる。事故死後に大将が遺贈された前田利為［石川、陸士一七期、歩兵、陸大二三期］は分家の出だが、金沢藩一〇二万石の本家を継いでいる。日本航空の祖、徳川好敏［東京、東京幼年、陸士一五期、工兵、航空転科］は三郷清水家一〇万石の出だ。少将にまで進み、陸軍政務次官も務めた溝口直亮［新潟、陸士一〇期、砲兵、陸大二〇期］は、新発田藩一〇万石の出だ。経済的な問題に限れば、公家は武家と比較の対象にすらならない存在だった。

戦前日本の特権階層は、陸海軍がどういう人達で構成されることを望んでいたのだろうか。自分達と話が通じるノーブルな階層と望んでいたならば、それは妄想にすぎない。この日本

前田利為

徳川好敏

には、公家も含めてノーブルな階層というものが存在しなかった。往時の西欧列強の軍隊のように、将校クラブの支払いが俸給よりも多い、従兵の給与も将校の自腹、名前でなく爵位で呼び合うといった貴族的な軍隊を日本が持てるわけがない。そもそも、この日本はきわめて庶民的な社会なのだ。江戸時代には士分という階層があったにしろ、彼らは独自の経済的基盤を持っているわけでもなく、扶持に頼る役人でしかない。

大正までは、軍学校の公式行事で氏名を呼ぶ場合、皇族、華族、士族、平民を冠称していた。これは、軍学校の生徒たる者、現代の士分になるべしという淡い期待の現れだった。なんであれ、恒産を持たない士族と、大名すら羨んだ豪商、豪農の平民と比べてどれほどの意味があるのだろう。とにかく明治建軍を主導した者の多くは、地方の外様藩の出身、それもとうてい士分とは呼べない軽輩だったのだから、ノーブルな軍隊を育てられるはずもなかった。そのため日本の陸海軍は、きわめて庶民的で平等な軍隊となった。

そういうことだから、兵科将校は社会のあらゆる階層から集まることとなり、近衛上奏文が指摘するように、日本の国体と共産主義が両立すると信じる異端分子も入り込むことも不思議ではないとなる。しかし、実際にはそうとはならず、ある一定レベル以上の階層によって将校団が構成されていた。

前述したように軍学校の受験資格には学歴がなかったが、現実には中学に進んだ者がほとんどだった。大正十年度の徴兵検査統計を見ると、中学及び同相当以上の学歴の者は全体の一割、約六万三〇〇〇人だった。この中学に通わせるだけの資力のある家庭の子弟でなければ、軍学校に進むことがむずかしかったことになる。特に幼年学校に進むと前述したように毎月一二円納付、そのほか身の回りに毎月二円五〇銭までの仕送りが認められていた。陸士、海兵に進めば一切官費の上、手当として月五円支給されていたが、日用品や日曜下宿などの小遣いとして毎月数円の仕送りが普通だった。武窓に子弟を送った家庭には、それなりの資力が必要だったのだ。

戦前の日本は、現在では考えられない格差社会で、とてつもない資産家がいた。そういう家庭の子弟にも武窓に進もうという奇特な人もいる。ところが、まず身体検査が突破できない。この多くが都会育ちだから、視力が問題となる。海兵の裸眼視力一・〇はもとより、陸士の視力〇・六もクリアーできない。また上品な食生活のためか、身長は問題ないが極端な

「貫足らず」で筆記試験まで進めないこととなる。

今日と同じく当時、医師の家はそれなりに裕福で社会的な地位も高かった。そんな家の出ながら武窓に進み、名を残した人は意外と多い。陸軍では、満州事変当時に参謀総長を務めた金谷範三［大分、陸幼、陸士五期、歩兵、陸大一五期］、「マレーの虎」の山下奉文［高知、広島幼年、陸士一八期、歩兵、陸大二八期］、その第二五軍参謀長の鈴木宗作［愛知、名古屋幼年、陸士二四期、歩兵、陸大三一期］、東條政権を支えた冨永恭次［長崎、熊本幼年、陸士二五期、歩兵、陸大三五期］らだ。

海軍では、海相と軍令部総長を務めた及川古志郎［岩手、海兵三一期、水雷、海大甲一三期］、東條首相秘書官の鹿岡円平［福島、海兵四九期、水雷、海大甲三二期］も医師の家に生まれている。どうして活人剣から宗旨替えしたかと思えば、これにも経済的な背景がある。当時は保険制度が整っておらず、医院の経営は大変で、しかも医師になるには現在と同じく多額な学資が必要だった。長男はどうにか医師にしたものの、あとが続かず次男以下は武窓に進ませたケースが多かったとされる。

大正九年の大学令によって高等教育の制度が定まってからは、武窓よりも高校や大学を志望する者が増えた。武官よりも文官というのが、ここ東洋の思潮なのだろう。この頃から名門中学における進路指導は、学業成績がトップクラスで経済的に余裕がある家庭の子弟には、まずナンバー・スクール（第一から第八までの旧制高校）を勧めていた。そこから帝国大学に進み、高文に合格して官僚になるか、財閥系の会社に入るようにとの親身な指導だ。次が海兵、陸士と続くのが一般的だったようだ。ただ、軍人の子弟の場合は、幼年学校を勧めるケースが多かったという。

軍人とその社会を見る場合、皆が皆、勇んで武窓に進んだのではないことを知っておかなければならない。陸士の学術試験は通例九月下旬、海兵は十二月下旬と高校の試験よりも早い。早くに優秀な者を押さえておこうという軍当局の遠謀深慮だ。その一方、中学生は腕試しと召募試験を受験する。当時、陸士や海兵に合格すると地方版ながら新聞に名前が載って話題になる。学資の心配がなくなったと両親は喜ぶ。家門の誇りと親戚が集まって宴会となる。中学の先生や学校配属将校、役場の兵事係がお祝いにやってくる。場合によっては、中学の校長先生、連隊区司令官の老大佐が顔を見せる。

本人はナンバースクールに進みたいのだが、どうにも引っ込みがつかなくなる。そこに怖いもの見たさの心理も働き、ここはひとつ武窓を見に行こう、自分に合わなければ辞めればよいと考える。ところがそこは軍隊、そんなに甘くはなく「請願を以て退校するを得ず」とあり、自分の都合だけでは辞められないことを知る。そこで白紙の答案ばかりにし、学業不良で退校処分となれば辞められると考えるものの、そこまでやる度胸はないし、退校処分になると自動的に入営となって、内務班の厳しい毎日が待っている。

そして忙しい毎日に追われ、いつのまにか少尉に任官している。今度は依願予備役編入を願い出ようと考えるが、国民皆兵の時代、そんなわがままは無視される。そして気が付いたら終戦、復員船に乗っている自分がいたと語る人もいた。さらには、もう軍隊はこりごりだと思っていたが、どうしてか自衛隊の一員となって退官式を迎えたというケースも多かったようだ。

こう見てくると、戦後になって強く批判されたように、日本は軍国主義なるものに支配された国家ではなかった。軍隊とはその社会を写す鏡なのだから、とてつもない軍人が徒党を組んで国を支配するということは、この日本ではありえないのは明白だ。ただし、軍隊を出世の足場にしようとか、軍人になって自分を冷たく扱った社会に復讐しようとした者が陸海軍に存在したことは否定できず、それが軍隊ばかりでなく、社会全体に害毒を流したことは事実として認識すべきだろう。

◆軍人の社会的な立ち位置

戦前の軍人は、社会的になにか特別な位置付けをされていたように思われがちだ。しかし、明治憲法第一〇条に定められた天皇の任官大権の下、文官と並列しており、任命形式も文武官共通だった。また身分序列も文武官同じだ。すなわち判任官、奏任官、勅任官、親任官の区別で、軍隊では順に准士官と下士官、尉官と佐官、将官、大将としていた。位階も同じで、少尉の正八位から大将の正三位まで、文官のものと同じだった。

軍人ならではのものは勲功で、戦功で授章した金鵄勲章の等級で示される。功一級は天皇直隷部隊の司令官で特別詮議によって授与される。「殊勲甲」で将官ならば功二級、佐官は功三級、尉官は功四級、下士官は功五級、兵卒は功六級となる。「殊勲乙」ならばそれぞれ一級ずつランクが下がる。金鵄勲章を受章すると終身年金が支給された。功一級で一五〇〇円、功七級で一〇〇円の時代が長かったが、支那事変が長期化した昭和十五年四月、年金制度は廃止となり、一時金となった。

文武官と呼ばれていたように、文官が優位にあるように感じられるが、それが東洋に共通した思潮なのだろう。にもかかわらず、軍人は特別な立ち位置にあり、武官が優越していると考えるようになった背景には、国民皆兵という制度がある。兵役制度は時代によって変遷を重ねたが、昭和初期では次のようになっていた。

満二〇歳に達した男子全員は徴兵検査を受け、身長一五五センチ以上、体格優良と認められたならば甲種合格となる。以下、それぞれの基準で第一乙種、第二乙種、丙、丁、戊とに分けられ、丁種は兵役免除、戊種は病気療養中の者で翌年に再検査となる。受検者の総数は六〇万人前後で推移しており、うち甲種合格は一八万人程度だった。

平時においては、甲種合格となっても全員が入営するのではなく、予算や施設の関係で一〇万人前後が入営するのが通例だった。入営するかどうかはクジで決められ、甲種合格でも入営しない人は「クジ逃れ」と呼ばれており、そうなるようにと祈願のお札を配る神社すらあった。少なくとも平時では、第一乙種以下は現役として入営することはないが、補充兵役、国民兵役が課せられ、四〇歳になるまで軍隊との縁を切れなかった。現役兵として入営しなかった者も、いつ、どこで陸士、海兵出身の兵科将校に指揮されるかわからないのだから、ある種の畏敬の念をもって彼らを見ることとなる。

その一方、軍人の側からすれば、これまたいつ補充兵役の者までを引き連れて出征し、彼らを無事に家郷に帰す責任を負うかわからない。そんな人の命に関わることは、単なる職業としてはやっていられないという意識になる。そこで軍人は、前述の近衛上奏文にある「職業軍人」と呼ばれることに強く反発する。学校の家庭調査が行なわれ、親の職業の記載欄の「職業」の二文字を消して、軍人と大書する人も珍しくなかった。

軍人自身が抱く認識は、天職に従事しており、社会的な立ち位置は指揮する側、命令する側というものだったろう。この意識は天皇との位置関係によって、より鮮明なものとなった。明治四十三年三月に制定された「皇族身位令」には、「皇太子、皇太孫は満一〇年に達したる後、陸軍及び海軍の武官に任ず」とあった。この規定が制定される前から、大正天皇となる嘉仁皇太子は近衛歩兵第一連隊付とされ、毎年一月二十三日に行なわれていた同連隊の軍旗祭には軍服着用で台臨されていた。第一二四代天皇となる迪宮裕仁は、明治三十四年四月生誕の皇太孫だから、明治四十四年に軍籍に入ったことになる。

大正元年七月、裕仁皇太孫は皇太子に冊立され、九月には近衛歩兵第一連隊付、第一艦隊付の陸軍少尉、海軍少尉に任官した。陸士二四期生、海兵三九期生よりも二カ月ほど早い少尉任官となる。それ以降、進級に必要な勤務年限の「実役停年」をクリアーしてすぐの「初停年の進級」を重ねつつ、大正十四年十月には陸海軍の大佐となっていた。大佐進級時の昭和天皇は陸士一五期、海兵三三期相当となる。そして大正十五年十二月、大正天皇が崩御、迪宮裕仁が践祚して陸海軍大将、国軍の最高司令官として大元帥となった。

では、天皇はジェネラル、アドミラルとしての素養をどこで磨いたのか。大正三年三月に学習院初等科を修了した迪宮裕仁皇太子は、四月から芝区高輪に設けられた東宮御学問所で中学、高等学校の課程を学ぶことになった。この東宮御学問所の総裁は、東郷平八郎［鹿児島、草創期］だった。

ここでの教育は大正十年二月まで続くが、一般科目のほか武課、馬術、軍事講話も含まれていた。武課や馬術の教官は、主に東宮武官だった。軍事講話の御進講に当たったのは、陸軍では少将時代の阿部信行［石川、陸士九期、砲兵、陸大一九期］、海軍では末次信正［山口、海兵二七期、砲術、海大甲七期］が長かったという。この東宮御学問所における教育の集大成が大正十年三月から九月にかけての欧州御外遊だった。御召艦は「香取」、供奉艦は「鹿島」、共に練習艦だったから、まさに遠洋航海そのものだった。

このように天皇が正統な軍歴を重ねてきた現役大将であることは、天皇と臣下の軍人との距離感を一挙に縮める。平時ならば中隊長、戦時ならば小隊長に至る指揮の連鎖をたどれば、

阿部信行

末次信正

すぐにも大元帥たる天皇に達する。この一体感は帝国大学を卒業して高文で優秀な成績を収めた者でも持ちようがないものだ。

さらに「皇族身位令」には、「親王は満一八年に達したる後、特別な事由ある場合を除く外、陸軍又は海軍の武官に任ず」とあった。こうして陸海軍の兵科将校となった皇族は、ほとんど特別待遇もなく、臣下と同じ軍務に就く。そして臣下の者、それが貧しい小作農の子弟であっても、皇族との間に上官、同僚、部下という関係が生まれる。これまた軍隊でなければ考えられない関係だ。

これらの関係を模式化すれば、天皇という核の周囲を巡る土星のような幾重もの環があり、核により近い環を構成しているのが軍人だということになろうか。それは藩屛とも表現できるだろうし、旗本といってもよいだろう。それがあまりに強調されると、公家を代表とする特権階層は、歴史的な既得権益が脅かされていると不安が生まれ、それは前述の近衛上奏文によく表れている。

第二章　「同期の桜」の実態

◆重視された卒業序列の裏事情

旧日本軍における兵科将校の補充源は陸士と海兵のみだったから、そこの卒業序列は重視され、それを基礎とする人事施策は適正なものと考えられていた。特に海兵に入校する者は、ほぼ全員が中学四年の修了者、語学は英語で統一されているから、スタートは同じだということで、そこの卒業序列の意味は大きい。

海兵の卒業序列は、軍事学と普通学の各科目の評点からなる学術点、それと勤務、教練、体育などの評点からなる訓育点の三年間、もしくは四年間の合計点で決められる。なお、海兵は三年修業の時代が長かったが、昭和二年入校の五八期生から三年八カ月修業、同七年入校の六三期生から四年修業となり、十四年から戦時短縮となっている。

学術点のほとんどは、筆記試験の点数という客観的かつ絶対評価が下されるので、あれこれ不満の声は上げられない。ところが訓育点は、採点側の主観が大きな部分を占め、かつ相対的な評価をしなければならない場合が多い。そこに採点側の恣意が入るということが問題だとされていた。

それでも海兵の場合は、三年間もしくは四年間という長期にわたる評価だから、そこに客観性というものが生まれる。また、昭和初頭の海兵卒業生は一三〇人ほどと世帯は小さく、訓育点を弾き出す分隊監事の目も行き届く。さらに海兵の分隊は各学年混成だったから、最上級生の一号生徒による評価もこの訓育点の判定に反映されるので、さらに客観性が高まる。

このようにして定まった海兵の卒業序列だったから、海軍の人事当局はこれをハンモック・ナンバーと称して重視し、そのトップをクラス・ヘッドと呼んでいた。この海兵の卒業序列で定まった秩序をできるだけ崩さないように配慮しつつ、長期にわたる計画人事を進めていた。後述する人事を決定する将官会議の存在もあり、海軍の人事は大きな混乱もなく、不平や不満の声が高まらなかったように見受けられる。そこで海軍の軍人は戦後になっても、「同期の桜」を高唱することとなる。

これに対して陸士は複雑だ。六校の幼年学校出身者、中学出身者、そして陸軍部内からも入校してくるから、軍歴のスタートがそれぞれ異なる。駐米武官、国際連盟陸軍代表を務めた森田宣［山口、陸士一四期、砲兵、陸大二三期］は今日でいう帰国子女だったが、陸士の召募試験ですべて英語で回答したという。これをどう扱うか論議されたが、どれも正解ということで合格となった。陸士の長い歴史でただ一人だそうだが、こんな人も入校して来たのだから話は複雑だ。

さらに陸士（陸士本科）では、歩兵、騎兵、砲兵、工兵、輜重兵の五つの兵科に分かれ、語学もドイツ語、フランス語、ロシア語、英語、中国語に細分されている。そして昭和初頭、陸士の修業期間は一年九カ月と海兵と比べて短い。これで卒業序列を定められるものかと思うが、人事管理上、少尉の序列を定めなければならない。そしてそこからスタートするのだから、極端な話、将官になるまでこの卒業序列が付いて回る。

陸士における成績は、学術、体力そして訓育の三つの分野を審査して決める。まず、学術だが、兵科将校となって必要と考えられる知識を網羅し、十数科目に整理し、要点を記憶させるのが目的だ。これはあくまで実学の暗記であって、論理性や思考能力を鍛えるというものではない。軍人の本質は行為だとすれば、アカデミックな教育である必要はないとなるのだろう。この学術点は筆記試験での点数で示されるのだから、客観的な絶対評価となり、これで序列が定められると文句の付けようがない。

ただ問題は、戦術や戦史といった軍人の表芸から、、教育学、馬学、服務提要などあまりピンと来ない科目までどれもが二〇点満点だったことだ。ピンと来ないので手を抜くと総合点に響き、成績が悪くなる。なににでも満遍なくという姿勢は、軍人にとって必要な重点形成をしないことに結びついて、いかがなものかとなる。そこで昭和に入ってから、科目に軽重が付けられるようになったという。

体力点は、いわゆる体力検定の基準を定め、それへの到達の程度を判定したり、体格、健康状態も評価の対象となる。多くの基準があり、誰の目にも同じに見えることだから、客観性は担保される。体格の問題となると親を恨むしかないと思われようが、日々の鍛練が肝要とするならば、これも客観的な評価はできることになろう。

訓育の成績は、躬行点（躬行＝みずからの行ない。実践躬行）によって点数化される。この躬行点とは、陸士在校中のあらゆる場面で現れる精神徳目に関する評点と定義されていた。どの社会でもトップクラスの得点は拮抗するものだが、陸士ではそれが顕著だった。そこで同点の場合、この躬行点が上の者を上位にするとしていたほど、これを重視していた。ところが精神徳目となると、きわめて観念的なものだから、筆記試験には適していない。それをやろうとすれば、美辞麗句の羅列となり、作文と同じことになる。

そこでどうしたかというと、三〇人ほどの士官候補生を預かっている区隊長に躬行点の平均点を与える。一般的に平均点とは満点の六割だから、二〇点満点で三〇人の三六〇点の差配が区隊長に任されることになる。そこでまず問題は、躬行点の差配をまかされた区隊長の資質だ。もちろんこの区隊長には、優秀な歩兵科の中尉が充てられ、士官候補生よりも数期ほど先輩が一般的だ。田舎の連隊にいては、陸大の受験勉強も満足にできないだろうからと、陸士の派遣勤務に出してもらったというエリートが多い。

とはいっても、この区隊長は二十代、まだ世間をよく知らないから、恣意的とまではいわないが視野が狭くて主観的になりがちなことは無理もない。手を焼かせるヤンチャ坊主の方が将来性があり、老成している者の方が問題だとわかっていても、前者の躬行点を削るのが人情というものだろう。与えられた点数は初めから決まっているのだから、一方を削ればもう一方が太ることとなる。絶対評価ではなく、平均点の中の相対評価なのだから、どうしてもそのようなことが起きる。

さらに躬行点の平均点が与えられていることを武器にして、区隊長はあれこれ妙な裏工作を始める。陸士二〇期代、陸士恩賜の銀時計組は砲兵科から二人、ほかの特科から一人ずつ、残りが歩兵科で合わせて八人から一〇人だった。区隊長としては、自分の区隊から恩賜が出れば名誉なことだし、原隊に帰ってからも自慢話ができる。そこでこの候補生は銀時計の可能性があると判断すれば、その他大勢から躬行点をかき集め、恩賜候補の躬行点を満点にして送り出す。策謀が形にならなくて恩賜は逃しても、その人の序列は実力以上のものとなる。

こんなことが裏面で行なわれていることは、雰囲気だけからも知れ渡る。「俺の躬行点が回され、奴が恩賜となり、俺は序列が下がった」と面白くない思いを抱えている人がかならずいる。早くから天才と評されていた石原莞爾は、仙台幼年はトップ、さてこれから恩賜連発かと思いきや、中央幼年と陸士はともに一三位だった。教官や区隊長との折り合いが悪かったのだろうが、四〇〇人中の一三位だからたいしたものにしろ、本人はおおいに不満だったようだ。そして彼は陸大三〇期で次席をものにした。周囲から「ついにやったな」と祝福されると、「当たり前だ、陸大には躬行点がないからな」と不愉快そうにうそぶいたという。

このような苦い思いを忘れられない人は、リベンジの機会を陸大に求める。そんなこともあって陸大受験戦争が過熱したのだが、陸大合格者は陸士の成績があまり目立たない者が多かったといわれるのも、こんな背景があったのだ。海大は陸大と性格が違うとされるが、このようなことはなかったとは言い切れないはずだ。

この海兵、陸士の卒業成績とは、その人の軍人としての資質、さらには将来性を正しく評価したものだったのだろうか。卒業生でも、この受け止め方はさまざまだったようだ。部外者からどうだったかと問われると、彼ら特有の組織防衛本能が働くのか、「あの成績には文句の付けようがない、納得せざるをえない」と答える。監督が行き届いた厳格な全寮制、自習時間までもが同じなのだから、武窓での成績は完璧に正当なものだったと胸を張る。

しかし、仲間うちの話では、また違っている。それによると上位一割、下位一割の序列は的確だが、多数を占める中間層の序列には疑問が残ったと回想しあう。別格の天才じみた人や暗記の達人、その一方で間違って迷い込んで来たとしか思えないドン尻組のほかは、誰もが中学の優等生で健康優良児なのだからドングリの背くらべ、それに序列を付けること自体、無理であり、そう意味のあることでないとの回想がもっとも当を得ていよう。

また、味のある見解だが、同期生同士の評価と教官や区隊長の評価には、かなりの隔たりがあったとする。これは陸大の成績でもよく語られたことだが、その人の軍人行路から戦後の生き方を見ると、教官らが付けた序列よりも、同期生同士の評価が当たっているというのも、考えさせられるところだ。

武窓には奇人、変人が少なからずいたことも、話を複雑にしている。「俺がその気になりさえすれば、奴を簡単に追い抜く。すなわち俺が恩賜だ」と豪語する。そこで「どうしてその気にならないのか」と揶揄すると、「落第スレスレで卒業するには加減がむずかしくて面白いぞ、どうだ貴様もやってみるか。やり方を伝授するぞ」と笑っている。以前にはとてつもない成績を残しているのだから、その言うことには真実味がある。自分で自分の成績をコントロールするとは、誰にでもできる芸当ではない。そんな人が期に一人か二人はいたというから、軍学校とは奇妙なところだ。

それがその人の実力か、それとも自分で操作しているのか定かではないが、ドン尻で悠然と構えている者もいる。そんな成績だと原隊に帰った時、将校団の皆に合わせる顔がないぞと忠告されても、一向に動じる色を見せない。「先輩を見ていると、ドン尻にいた方が目立つので、面白い職務にありつけるようだから、俺はここから動かない」と平然としているのだから始末が悪い。

このようなタイプは、意外と海軍に多く、特に駆逐艦乗りに目立つ。昭和十八年七月、奇跡のキスカ撤収を成し遂げた木村昌福［静岡、海兵四一期、水雷］、これまた奇跡の幸運艦「雪風」をレイテ海戦、沖縄特攻から連れ帰った寺内正道［栃木、海兵五五期、水雷］はこの代表選手だろう。クラス・ヘッドらが仕出かした不始末をアンカーの連中が尻拭いをした格好となった。こうなると一〇代の学校の成績にどれほどの意味があるのかと思わざるをえない。

木村昌福

寺内正道

◆消え去り行く秀才

海兵出身で海軍大将にまで上り詰めた人は、皇族や戦死後に進級した人を除いて五九人だった。卒業成績がわかる範囲だが、クラス・ヘッドで大将にたどり着いた人は九人となる。海兵の卒業成績が優良だった者は、長期にわたる計画人事の線に乗せられ、大将航路を進むものだとされていたが、クラス・ヘッドでもそう容易には航破できなかったことになる。

その一方で、海兵の卒業成績が霞んでいた人でも、暗礁の多い大将航路を乗り切ったケースもある。末次信正、米内光政〔岩手、海兵二九期、砲術、海大甲一二期〕、及川古志郎の三人がその代表だろう。この三人には、宮中の信任が篤かったという共通項があった。末次は昭和天皇が東宮時代、軍事学を進講していた。米内は宮中の行事で海軍列兵指揮官を務め、その英姿に女官らの人気が集まったという。及川は東宮の欧州御外遊に東宮侍従武官として随行している。そもそも斎藤実〔岩手、海兵六期、砲術〕は内大臣、鈴木貫太郎は侍従長と海軍は宮中との関係が良かった。このようなダーク・ホースが追い込んでくると、割りを食うのはトップ・グループの秀才となる。

　日露戦争の最中の明治三十七年十一月に卒業の海兵三二期は、塩沢幸一〔長野、海兵三二期、砲術、海大甲一三期〕、山本五十六、吉田善吾〔佐賀、海兵三二期、水雷、海大甲一三期〕、嶋田繁太郎〔東京、海兵三二期、砲術、海大甲一三期〕の四人の大将を輩出し、かつ海相、軍令部総長、連合艦隊司令長官を同期で占めたことでも知られている。この期の当初

米内光政

及川古志郎

のクラス・ヘッドは、堀悌吉［大分、海兵三二期、砲術、海大甲一六期］、続く序列は塩沢、間にそれぞれ何人かはさんで山本、吉田、嶋田となっていた。この堀、塩沢、山本、吉田はもちろん大佐進級一選抜だったが、嶋田は一年遅れとなっていた。

この海兵三二期の不動のクラス・ヘッドは堀であることは誰もが知っており、彼は必ず海相になると信じられていた。ところが昭和五年四月のロンドン軍縮会議が紛糾し、たまたま軍務局長だった堀が詰め腹を切らされて予備役編入となってしまった。これで三二期のクラス・ヘッドは、養命酒本舗の御曹司で知られる塩沢となる。そして伏見宮博恭［海兵一六期、砲術］の後押しで追い上げた嶋田が大将に滑り込んだ。海軍では戦後になってもクラス・ヘッドを申し送っていたが、三二期では塩沢、次が吉田、そして最後は長命の嶋田ということに落ち着いた。

クラス・ヘッドでも大将になる確率は意外と低いが、それでも提督に一番近いところからスタートする。そして術科学校高等科、海大甲で優秀な成績を収め、すんなりと大将に進む人もいる。財部彪［宮崎、海兵一五期、航海］、加藤寛治［福井、海兵一八期、砲術］、豊田貞次郎［和歌山、海兵三三期、砲術、海大甲一七期］、近藤信竹［大阪、海兵三五期、砲術、海大甲一七期］がその代表選手だ。はたから見ればまさに「順風満帆」の楽勝だが、本人にしてみれば「喬木、風に折られる」と、気苦労を重ね続けたことだろう。

若い頃は単なる羨望の眼差しが向けられるだけだろうが、進級抜擢が本格化するとそれが嫉妬となり、果てはあれこれ足を引っ張られるようになる。まして日本には「先行、逃げ切り」を許さない思潮があるから、若い頃からなまじ目立つと大変だ。

財部は山本権兵衛［鹿児島、海兵二期、砲術］の女婿になったことをいつまでもあげつらわれ、その妻をロンドン軍縮会議に同行させたと強く批判されたが、本人としてはたまらない気持ちになったことだろう。加藤寛治は学業成績だけでなく、日露戦争での実績があったにも関わらず、すぐ感情的になる、彼が連合艦隊司令長官の時は事故ばかりと陰口が叩かれた。豊田貞次郎は政治家や財界に媚を売るとの悪評がもっぱらだった。近藤信竹は大切に育てられた人だから、面白みがないと語られていた。さらには「人より一点多いことが、どうだというのか」と試験をする意味そのものを否定して批判の声を上げるのだから、人間の心はなんとも狭いものだと痛感するほかない。

一〇代の学業成績で序列を決めるのだから、的確な人物評価とはいえないにしろ、三年、四年と詰め込み教育に堪えてトップに立った人は、才子と評してよいだろう。そこで「才子多病」が問題となる。東洋では、秀才は蒲柳の質が通り相場だが、軍人の秀才は厳しい環境にさらされていた。陸軍の場合も同様だが、トップ・グループの者は海外駐在となる。そこで結核などの慢性疾患に罹患し、帰国してから発病、有効な治療法もないまま療養生活を続けたり、急逝するケースが多かった。

海兵二五期のクラス・ヘッドの松岡静雄［兵庫、海兵二五期、航海］は、明らかにこのケースだった。彼は民俗学者の柳田国男の実弟で、将来を嘱望された俊才だった。ところが駐オーストラリア武官の時、病を得て帰国、海軍省文庫主管の閑職に就いて療養生活を送ったが、完治することなく海軍を去った。秋山真之［愛媛、海兵一七期、水雷］は一七期のクラス・ヘッドで、全軍のホープだった。彼は中将の時に病床に伏して待命となり、四一歳の若さで急逝した。なんの病気かはっきりしないようだが、三年以上にもなる英米勤務が関係していると見ることもできよう。

もちろん「才子、才に倒れる」で、才気走って自ら墓穴を掘った秀才も多かったに違いない。海大甲の学生時代、教官を試すような質問をするのは秀才の証しだろう。また、上司に向かって「そんなことも知らないのか」という顔をついしてしまうのも秀才ならではだ。こういうタイプの方が使えるとする度量のある教官、上司ばかりではない。悪い印象を持たれるだけでもエリート・コースから脱落する可能性が高まり、いつの間にか消え去り、埋没してしまったということはよくあることだった。陸軍でもそんなことがよく起きている。

陸士が士官候補生制度になってから、皇族や死去後の進級を除いて陸軍大将にまで上り詰めたのは五八人、陸士二〇期までとなっている。幼年学校で優等をものにし、大将となったのは一〇人だ。また陸士で恩賜の銀時計をものにし、大将街道を走り抜けたのは一〇人だ。「栴檀は二葉より芳し」とはいうが、このレースの結果を見ると、「十で神童、十五で才子、二十過ぎたらただの人」といった方がよいようだ。

そして陸大という関門があるのだが、草創期は別として陸大出身ではない大将はわずかに三人だった。そして陸大恩賜の軍刀組で大将をものにしたのは二五人、妥当な結果とするのだろう。幼年学校に始まり、陸大まですべて恩賜で通して大将となったのは、古荘幹郎〔熊本、陸幼、陸士一四期、歩兵、陸大二一期〕と山脇正隆〔高知、広島幼年、陸士一八期、歩兵、陸大二六期〕の二人だ。かなり内容が異なる学校で、どこでも数人のトップ・グループに入ったのだから、異能の士というものは本当に存在するものだと実感させられる。

さらには幼年学校から陸大まで、すべて首席という人すらいる。藤室良輔〔広島、東京幼年、陸士二七期、歩兵、陸大三五期〕、高嶋辰彦〔福井、名古屋幼年、陸士三〇期、歩兵、陸大三七期〕、西村敏雄〔山口、大阪幼年、陸士三二期、歩兵、航空転科、陸大四一期〕の三人だ。藤室は病身で総力戦研究所の主事という閑職に就いて療養していたが、少将の時に

古荘幹郎

山脇正隆

逝去した。高嶋はなぜか中央の要職に縁がなく、外回りに終始していた。西村は歩兵科から航空科に転科しており、その時点で大将の目はなくなったとしてよいだろう。

最初のステージとなるのが幼年学校だが、幼い頃から軍人精神を叩き込む所という誤解があるようだ。それは事実とまったく異なる。小規模ながら天文台や植物園が付設されており、早くからピアノも備えられ、その伴奏で各国の国歌を原語で歌っていたという。幼年学校各校は一学年五〇人、一五〇人定員だった。旧制高校は一学年二〇〇人、六〇〇人定員だったが、幼年学校一校の予算は旧制高校一校とほぼ同額だったという。

大正末から中学以上で学校教練が始められた。ところが幼年学校では、あんな中途半端なことはしても意味がないと、執銃訓練も行なわなかった。これからもわかるように、幼年学校は情操教育を重視していた。そのため天才じみた少年が驥足を十分に展ばせる環境だったといえる。

幼年学校の生徒には、異様なまでに理数や語学の才能を発揮する者が多かったという。以前、知能指数の判定に使われたクレペリン検査だが、解答用紙が足りなくなることは滅多にないが、幼年学校ではよく不足したという。語学でも、とんでもない人がいた。島村矩康〔高知、大阪幼年、陸士三六期、歩兵、陸大四三期〕は、大阪幼年の頃からフランス語で有名で、陸士予科ではモーパッサンの短編小説一冊を完璧に暗唱し、フランス人の教官が「こんな人、フランスにもいない」と驚嘆したと伝えられている。

理数系で卓越した能力を示したものはマークされ、砲兵科や工兵科に回されるケースが多かった。この砲兵科と工兵科の者は、少尉任官後に砲工学校に入校して技術関連の補修教育を一年受講する。その成績が上位三分の一の者は高等科でさらに一年間受講する。そこの成績がトップの砲兵科二人、工兵科一人が高等科優等となり、陸大恩賜組と同等の処遇となる。それにも飽き足らず、陸大に進んで恩賜をものにする人もいる。陸士二〇期の橋本群もそんな一人だが、彼は広島幼年と中央幼年が首席、陸士と陸大が次席という記録の持ち主として知られている。

この砲工学校高等科の修了者の中から選ばれ、同校の定員外の学生という意味の員外学生となり、主に東京帝大理工系の正規な三年課程で履修する。そんな一人に石井善七［熊本、熊本幼年、陸士一八期、砲兵］がいる。彼は東京帝大の物理に進んだが、東京帝大では信じられない記録を打ち立てた。なんと三年間のあらゆる試験、すべて満点だった。これは今日まで破られていない記録だそうだ。石井のような天才にとっては、「学校の試験というものは、教わったところから出題されるのだから、満点でなければおかしい」のだそうで、凡人は黙り込むほかかない。

このような秀才の多くは、技術の分野に埋没してしまい、兵科将校の表舞台から去って行く。石井は同期の山下奉文、岡部直三郎［広島、広島幼年、陸士一八期、砲兵、陸大三三期］らと並んで、大佐、少将進級は一選抜だった。しかし結局、石井は科学研究所第一部長の時、少将で予備役となり早世した。このような人材は、軍の枠内に止めず、国家的な見地から活用を図るべきだった。そうすれば真の科学立国が現実のものとなり、国力増進が形になったはずだ。

技術畑には進まず、運用畑、作戦畑などに残った俊才も中枢部を支配する行き過ぎた減点主義のため、疎外されて消えて行った。例えば前述の橋本群だ。彼はなんでも知っているが、聞かれなければ口をはさまず、尋ねられれば丁寧に教えてくれる人として知られていた。もちろん彼は栄達し、陸軍省の筆頭課長、軍事課長を務めていた。そこで遭遇したのが、昭和十年八月の永田鉄山軍務局長斬殺事件だ。橋本は犯行現場の軍務局長室の隣室にいたというだけなのだが、ショックだろうと恩情めかして鎮海要塞司令官に飛ばされた。それ以来、橋本は外回りが続いた。

しかし、橋本ほどの人材は中央で欠かせないとなり、同期の下村定〔高知、名古屋幼年、陸士二〇期、砲兵、陸大二八期〕の後任として参謀本部第一部長に就任して中央に返り咲いた。同期の間でたらい回しをするとよいことはないと語られるが、この時も暗転した。とにかく橋本は運のない人で、昭和十四年九月のノモンハン事件の問責人事で予備役編入となった。このようにして、あたら人材が消え去って行った。その損失はさることながら、その穴を埋める後任人事がさらに大きな問題に発展する。橋本の後任は二五期の冨永恭次だったが、彼はとかく感情的になり強圧的と語られ、その性格は深刻な問題に発展した。

◆天保銭組と無天組の分化

陸軍大学校（陸大）は明治十六年四月、海軍大学校は二十一年十一月に開校した。陸大には、専攻学生（本科学生修了後に高等用兵の研究、修業一年）、専科学生（主に師団参謀の養成、修業一年）、航空学生の制度があった時代もあったが、一般的に陸大出身とされるのは三年修業の本科学生をさす。海大には、半年修業の主に航海術を学ぶ乙種学生、機関学生、部外委託の選科学生の制度があったが、一般的に海大出身者とは、二年修業の甲種学生をさし、「海大甲」と略される。なお、陸大は参謀本部の機関であり、海大は海軍省の区処（指図）を受けていた。

明治三十年九月に改定された海大官制によると甲種学生の教育目的は、「海軍少佐又ハ大尉ニ枢要職員又ハ高級指揮官ノ素養ニ必要ナル高等ノ兵学其ノ他ノ学術ヲ習得セシムル」とされていた。明治三十四年十月に改定された陸大条例によると、その目的は「才幹アル少壮士官ヲ選抜シテ高等用兵ニ関スル学術ヲ増進セシムル」とした。これを見る限り、海大は将来の提督を育成するところ、陸大はまず参謀を養成するところで、その中から将帥が生まれると考えられたのだろう。

陸大の受験資格は、隊付勤務二年以上の中尉、少尉で、大尉に進むと受験資格そのものが失われる。昭和八年入校の陸大四八期からは、少尉任官後八年以降となったため、中尉で卒業する者はいなくなった。さらに戦時のインフレ人事が進むと、おおむね少佐で卒業となっている。海大甲の受験資格は、一年以上の海上勤務後、大尉に進級してから六年以内、三回まで受験できた。どちらも書類銓衡の上、命令によって受験する。

陸軍では、各師団司令部で行なわれる筆記試験の初審で入校予定者数の二倍にまで絞り込み、東京・青山の陸大で行なわれる口頭試問が主な再審で入校者が決定し、平時は五〇人前後だ。海大甲では一次、二次としていたが、内容は陸大とほぼ同じだ。一次は各鎮守府、二次は品川・上大崎の海大で行なわれ、入校者は二〇人ほどだ。

士官生徒制と士官候補生制を合わせて陸士の卒業生は約五万一〇〇〇人、そのうち陸大卒業生は五・八パーセントの約三〇〇〇人となる。一方、海兵卒業生は約一万一〇〇〇人、そのうち海大甲の卒業生は六・九パーセントの約七五〇人だった。陸大の方がやや狭き門だったことになる。

陸大、海大を設けなければならない事情はいろいろ考えられる。高等教育が普及しつつある一般社会に対応するため、軍の最高学府といったものが必要とされたのだろう。また、高等文官試験（高文）で高級官僚適任者を定めているが、これと釣り合いを取るため、高等武官試験が必要となった。そして西欧列強に追いつく素地を造成するという目的もあった。さらには差し迫った隠された事情がある。

明治二十年代に入っても、まだ戊辰戦争に従軍した者が現役に残っていた。彼らの多くは系統立った教育を受けておらず、ただ豪傑であることだけが軍人の資格と思い込んでいる。そしてまた僧兵出身者も残っており、彼らが遊芸を軍隊に持ち込む。軍人の多くは戦術眼を養うと称して囲碁、将棋に熱中するが、あれは僧兵の習俗の名残だ。そこで当局は、これに勉強させようと、陸大、海大を卒業すれば人事的に優遇するとした。それでも人気はいまひとつ、あいも変わらず斗酒なお辞せずで借金まみれ、静かにしていると思えば囲碁、将棋だ。

そこで陸軍は明治二十年十月、海軍は三十年九月に卒業徽章なるものを制定し、右胸下に着用させた。これは明治二十年まで八厘で通用していた天保銭の形をしていて、陸軍のものには五稜星、海軍のものには錨のマークが浮き彫りにされていた。軍人という人種は単純なもので、勲章に恋をすると語られるが、当局の目論みは的中し、陸大、海大の人気は一挙に高まった。この徽章から陸大、海大出身者を「天保銭組」、そうでない者を「無天組」と呼ぶようになった。また天保銭組でも、能力や性格に問題があり、ドサ回りを続ける者を「サビ天」と呼んでいた。このサビ天がさまざま問題を起こし、天保銭組への反感を助長させたという。

卒業証書を首から下げて歩いているようなものだが、勲章に恋する軍人はいともまじめにやっていた。それでも理知的な人はおり、一目で学歴を判別する必要がどこにあるかとし、海軍では大正十一年十月にこの天保銭を廃止した。これをもって海軍は開明的だとするのは早トチリだ。新調する軍服にも天保銭用のピンホールを開けたというのは、この頃の海軍での笑い話だ。陸軍では、昭和十一年の二・二六事件の遠因の一つがこの天保銭だとし、同年五月にこれを廃止している。

初めから合格する者は決まっているような海大はさておき、陸大の受験戦争は過熱の一途をたどっていた。ひとかどの人物だと自負したり、そうありたいと願う者の夢は、大将になることではなく、参謀本部第二課長（作戦課長）になり、国軍の戦略絵図を描くことだったそうだ。そのためには、どうしても陸大を卒業して参謀適格者にならねばならない。そこまでの大望を抱かなくとも、暗記の職人に徹しきれず、陸士の卒業序列がトップ・クラスに入れなかった者は、今度こそ己の能力を証明し、見返してやるのだと張り切る。こういった向上心は、どの世界にも必要だろうが、程度というものがある。

陸大、海大は命令によって受験するのだから、連隊長あたりが冷静に判断すれば、受験戦争は過熱しないはずだ。ところが部下を競争させることが統率の極意と心得ている者が多いから、部下の受験戦争を煽る。「この数年、我が師団から天保銭が生まれていないが、どうなっておるのか」と師団長のご下問あれば、部下としてなにかしないと格好が付かない。また、合格者を出せば連隊長も鼻が高いし、少将進級の目も生まれると色気も出てくる。さらには将来、もと部下だった者が省部（陸軍省、参謀本部、教育総監部）の課員、部員にいれば、なにかと都合が良い。

歩兵や騎兵の連隊には、陸大受験戦争に使える隠し球がある。優秀で古参の少尉は連隊旗手に補されるが、連隊副官の下で比較的時間の余裕があるから、なかば命令で受験勉強をさせる。これは合格の目があるとなれば、派遣勤務の形で陸士の区隊長に押し込んで勉強させることはよく行なわれた。「下手な鉄砲も数撃ちゃ当たる」と志望する者全員を受験させる奥の手もある。

こうなると部隊上げての「お受験」騒動となる。知的な活動で部隊に活気がみなぎることは結構だが、弊害も大きい。部隊に勤務している少尉、中尉は、徴集兵の教育訓練に忙殺されている。そして訓練された徴集兵は退営して予備役に入るが、その質と厚みこそが日本の動員戦略を支えている。かくも重い任務を遂行しているのだから、一部の者に時間を与えて受験勉強をさせていれば、ほかの人に負担がかかる。「あいつは優秀だから、皆で支えてやろう」という麗しい話ばかりでないのが世の常だ。

陸大の試験日程からも問題が生じる。筆記試験の初審は毎年四月に行なわれ、その合否は八月中に通知される。口頭試問が主の再審はその年の十二月に行なわれる。受験勉強の追い込みは八月からとなるのだが、十月下旬から十一月上旬にかけて一年の締めくくりの秋季演習と重なることとなる。

そこで部隊としては配慮し、演習中は初審を突破した陸大受験生に営内勤務を命じる。さらに受験生が早く上京できるよう、二週間の定期休暇を早くとらせる。合格間違いなしとされている者を演習でこき使ったため、体を壊わして不合格ともなれば寝覚めが悪いので、あれこれ気を遣うというわけだ。まさに帝国陸軍版「お受験」だ。

陸大受験は命令によるものだとしても、個々人の希望という面も大きい。個人的な都合のために、秋季演習という公務を疎かにしてよいものかとの声が上がっても当然だ。しかも、これまた同僚などに迷惑をかけている。大隊長や中隊長の多くは無天組なのだから、彼らは複雑な気持ちになる。

そして陸大に合格したとなると、自分一人の力で難関を突破したかのような大きな顔をする。そうでなくとも、迷惑をかけられた側としてはそう見えて仕方がない。こうなると陸大に合格したその人に対する不快感ばかりか、天保銭組そのものに対する嫌悪感を抱きかねない。天保銭組と無天組との相克は、受験勉強していた頃から始まっているのだから、その根は深い。

陸大を卒業すれば、まず大尉として必須の中隊長を務めなければならない。人事の内規によれば、統率方針の連続性などからして団隊長の勤務は二年以上と定めていた。しかし、天保銭組の多くの場合、この内規は守られず、省部（陸軍省、参謀本部、教育総監部）の都合で早く勤務将校として回してくれるよう要望されると、在任二カ月で中隊長下番という場合もある。いそいそと東京に向かう天保銭組を見送る側からすれば、「恩あるところに後ろ脚で砂をかける」ようなと感じる場合もあったろう。

そして少佐に進み、正式に省部の課員、部員、師団の参謀になると、天保銭とセットになる派手な参謀飾緒（俗称「縄」）を肩から吊って、検閲などで部隊に現れる。整列して迎える部隊側、その前を悠然と歩む人達。ここに管理する側と管理される側、さらには頭で奉公する者、首から下で奉公する者の区別が目に見える形となる。同期でしかも進級が遅れている者が面白くない思いを抱くのは、人間として当然だろう。まして縄まで吊った天保銭の旧悪を知っていればなおさらだ。

部隊すなわち軍隊を忘れては困るということで、尉官時代に三年以上、佐官時代に二年以上の隊付勤務をしなかった者は、佐官、将官に進級させないという内規も設けていた。同期の先頭を走っている天保銭組のエリートにとって問題は、佐官時代の隊付勤務二年というハードルだ。団隊長は継続二年勤務とされているのだから、少佐で大隊長、大佐で連隊長を務めれば、自動的にハードルをクリアーするはずだ。

ところがエリートになればなるほど、海外勤務などがはさまり、なかなか部隊勤務二年というハードルがクリアーできない。神戸からスエズ運河経由でマルセーユまで片道一カ月、シベリア鉄道で急行しても往復四週間かかる時代のことだ。そしてなかなかこのハードルをクリアーできないことを鼻にかけているふしもある。とにかくエリートは、腰掛けの年季稼ぎをしなければならない。そこは部隊側も心得ており、大事な預かり物として無風地帯に飾っておき、早々のお引き取りを願う。こうして軍隊という生き物の実態を知らないエリート軍人が生まれていく。

海大甲出身のエリートも中央官衙勤務と海上勤務を交互に重ねるのが原則だった。エリートになればなるほど、海上勤務が年季稼ぎの腰掛けになるのは陸軍と同じだ。ところが海上勤務の時、陸軍のように大事にしまっておくことはできない。出港時、入港時の操艦は艦長自ら行なうのが厳守される決まりだったからだ。霞ヶ関の赤レンガ（海軍省と軍令部）勤務が長くなると操艦のコツを忘れており、はたは「危なっかしくて見てられない」ということがまま起こる。衆人環視の下だから隠しようがない。

そこで事故でも起きたら大変と、早々にお引き取りを願うことになる。処分とまではいわないが、明らかに減点の対象で、士官名簿の順位が大幅に落ちるかと思いきや、そうならない場合がほとんどだったという。赤レンガが必要とする人を大事にするという姿勢だ。これで海軍では、海洋や艦船に通じていないアドミラルが生まれることとなる。そして戦後、海軍のエリートほど、シーマンシップについて熱く語っていたが、どことなく喜劇的だった。

◆なぜか生まれる「花の期」

七〇年もの歴史を重ねると、陸海軍ともに目に付く期と平凡な期の区別が生まれ、なにかわけがあって疎外されたのではと思いたくなるような期も出て来る。まずは、大将を多く輩出した期に目が向くだろう。皇族と死去後や召集後の進級を除き、士官候補生制度の陸士では、一期から二〇期までに五六人の大将が生まれた。九期の六人が一番多く、続いて四人の五期、一〇期、一六期、一八期、一九期となる。よく陸士は偶数期が優勢だったと語られるが、輩出した大将は偶数期は二九人、奇数期は二七人と多少の違いにせよ、その通りとなっている。

陸軍大将を出さなかった士候の期はなかったものの、三期と六期は一人だけだ。それでも武藤信義［佐賀、陸士三期、歩兵、陸大一三期］、南次郎［大分、陸幼、陸士六期、騎兵、陸大一七期］と存在感のある大将だから、一人だけでも印象に残る。また三期は長期政権だった一期の影響を受けており、四期と五期を合わせて大将を七人を出したので、六期は割りを食っている。これもまた大将にまで進むのは、偶然の所産であったことがわかる。

海兵は皇族と死去後の進級を除き五八人の大将を生んでおり、最後は三七期生だった。七期、一五期、三二期は各四人の大将で、あとは三人以下となり、大将を生まなかった期は七つもある。海兵は奇数期が優勢だったとされるが、奇数期の大将は三一人、偶数期は二七人とこれまた僅差にしろ、奇数期が優勢だったことになる。二〇期から二三期までの四つの期で大将が生まれていないが、これは大正十一年締結のワシントン軍縮条約の影響によるものだ。

陸軍では陸相、参謀総長、教育総監の三長官、海軍では海相、海軍軍令部長（昭和八年十月から軍令部総長）を歴任した人の期が、その期の評価につながる。陸軍で三長官を一人も出さなかった士候の期は、二期、四期、七期、一九期となる。士候一期の鈴木荘六参謀総長と宇垣一成陸相［岡山、陸士一期、歩兵、陸大一四期］が長期政権となったため、七期まで割りを食った形となった。一九期は日露戦争中の臨時募集の期で、ほとんど中学出身者だったこともあり、冷遇されたと語られるが、大東亜戦争時の軍司令官、方面軍司令官の人事がからんで、三長官にたどり付けなかったとはいえよう。

海軍では、海相、海軍軍令部長（軍令部総長）のいずれも輩出しなかった期は一八期にも及ぶ。海軍独特の計画人事の結果かと思いきや、二度、三度と海相を務めた人がいたのでこうなったともいえる。財部彪は三度、岡田啓介［福井、海兵一五期、水雷、海大甲二期］、大角岑生［愛知、海兵二四期、航海、海大甲五期］、二九期の米内光政はそれぞれ二度海相を務めている。また、永野修身［高知、海兵二八期、砲術、海大甲八期］、三二期の及川古志郎、三二期の嶋田繁太郎は、海相と軍令部総長の両方を務めている。こういうことで、ほかの期が割りを食ったわけだ。

特に陸軍の場合だが、大将を多く生んだとか、三長官を独占したということだけでは「花の期」とはされない。大将を最多の六人を生み、首相、陸相、教育総監を輩出した陸士九期だが、「花の九期」とは語られない。それは、この九期には同期の団結の「核」というものがなかったからだ。真崎甚三郎［佐賀、陸士九期、歩兵、陸大一九期］と松井石根［愛知、陸幼、陸士九期、歩兵、陸大一八期］の険悪な関係は広く知られていたし、本庄繁［兵庫、陸幼、陸士九期、歩兵、陸大一九期］は我が道を行く支那屋だ。阿部信行は宇垣一成直系の軍政屋だ。荒木貞夫［東京、陸士九期、歩兵、陸大一九期］と真崎は、語られているほど親密な間柄ではなかった。トップ集団の内情がこれだから、「花の九期」とはならないとなる。

これに対して大将が三人の一二期は、「花の一二期」と持ち上げられる。杉山元［福岡、陸士一二期、歩兵、航空転科、陸大二二期］と畑俊六［福島、陸幼、陸士一二期、砲兵、陸大二二期］は元帥府に列し、小磯国昭［山形、陸士一二期、歩兵、陸大二二期］は首相になったのだから注目される。しかし、かなり以前からこの三人に中将で終わった二宮治重［岡山、陸士一二期、歩兵、陸大二二期］を加えて「一二期の四人組」として知られていた。出身地はまちまち、畑は幼年学校、ほか三人は中学出身と出自は違うが、陸大二二期で一緒になると、損得抜きの付き合いが始まった。

この四人、微妙に性格の違いがあり、宴席の得意技も異なるからか、いたく気が合い、い

財部彪

岡田啓介

つも連れ立って飲み歩いていたという。そして階級が進むと畑の代わりに建川美次［新潟、陸士一三期、騎兵、陸大二一期］が加わり、これが宇垣一成を支える「宇垣四天王」と呼ばれることとなる。そして昭和十九年七月、小磯が首相に就任した時、杉山は陸相、畑は教育総監、二宮は文相、なんとも息の長い関係だった。

一六期もよく語られる期だが、その話題の中心は「一六期の三羽烏」だ。そろって幼年学校出身の岡村寧次［東京、東京幼年、陸士一六期、歩兵、陸大二五期］、永田鉄山［長野、東京幼年、陸士一六期、歩兵、陸大二三期］、小畑敏四郎［高知、大阪幼年、陸士一六期、歩兵、陸大二三期］の三人だ。大正十年十月、この三人が主唱したバーデン・バーデンの盟約が、それからの省部幕僚の方向性を定めたとされる。在任時期は多少ずれるが、岡村は陸軍省人事局補任課長、永田は軍務局軍事課長、小畑は参謀本部第一部第二課長の要職に顔を揃えたのだから、広く「花の一六期の三羽烏」ともてはやされた。

この三人、佐官までは家族ぐるみの付き合いをするほど親しい関係にあった。ところが昭和七年四月、少将に進級し、永田が参謀本部第二部長（情報）、小畑が同第三部長（運輸・通信）に異動、岡村が関東軍参謀副長に転出すると、永田と小畑の間に不協和音が目立つようになった。対中戦略や対ソ戦略について、二人の間に見解の相違があったからだとされるが、もっと生々しい参謀本部内の揉め事が永田と小畑の仲を切り裂いたと語られている。

小畑の後任の第二課長は、作戦の神童といわれた鈴木率道だった。彼のような天才肌の人によくあることだが、物事を性急に運び、定められた手順を踏もうとしない。問題があると鈴木は、上司の第一部長と協議したり、第一課長（編制動員課長）と連帯することなく、親しい小畑第三部長と直結する。小畑は参謀次長の真崎甚三郎、さらには陸相の荒木貞夫と短絡する。参謀総長が閑院宮載仁〔草創期、騎兵〕だったから、このような変則的な事務の進め方をしたのだろうが、いま少し角が立たない遣り方もあったはずだ。

総務部長の梅津美治郎、第一部長の古荘幹郎は、これを見守るばかりだったが、無視された第一課長の東條英機は激怒し、永田にどうにかしてくれと訴える。永田も鈴木と小畑の遣り口に腹をすえかねていたようで東條の肩を持ち、永田との仲が険悪になる。これも一つの契機となり、いわゆる皇道派と統制派の暗闘なるものが始まり、昭和十一年の二・二六事件へと流れて行く。

一八期も「花の期」としてよいだろう。大将を五人も輩出したのだから当然だが、そのうち四人までが広島幼年出身だった。山下奉文、岡部直三郎、阿南惟幾〔大分、広島幼年、陸士一八期、歩兵、陸大三〇期〕、山脇正隆の四人だが、これに参謀次長を務めて中将で終わった沢田茂〔高知、広島幼年、陸士一八期、砲兵、陸大二六期〕が加わった「広島幼年五人男」も広く知られていた。この団結がなければ、阿南は東京幼年学校長で軍歴を閉じたはずだ。また、二・二六事件当時の言動が問題にされ続けていた山下を沢田が自分の後任の第四師団長に押し込まなかったならば、山下の大将はなかったかもしれない。

時代が下って三四期も有名な期で、ここにも「三羽烏」がおり、かつ秩父宮雍仁もこの期だから話題になる。この「三羽烏」とは、西浦進［和歌山、大阪幼年、陸士三四期、砲兵、陸大四二期］、服部卓四郎［山形、仙台幼年、陸士三四期、歩兵、陸大四二期］、堀場一雄［奈良、名古屋幼年、陸士三四期、歩兵、航空転科、陸大四二期］だ。この三人そろって陸大四二期、恩賜の軍刀組だったことから、「三羽烏」と呼ばれるようになった。西浦は生粋の軍事課育ちで長らく軍事課長、服部は参謀本部第二課長を二度務めたことで知られている。堀場は学究的な人で、石原莞爾の直系とも語られ、総力戦研究所の設立に尽力しているが、少佐の時に航空科に転科してからは外回りに終始している。

三四期の「三羽烏」とは、東條英機が首相兼陸相の時、その周囲を飛び回っていた人達と同義ならば、堀場の代わりに赤松貞雄［東京、仙台幼年、陸士三四期、歩兵、陸大四六期］とするべきだろう。赤松は本来三三期だが、病気で延期生になり三四期となった。東條が歩兵第一連隊長の時、赤松は中尉で通信班長という古い関係だ。赤松、西浦、服部の三羽烏とすべきだろうが、それでは東條親衛隊となってしまうから、無色の堀場を持ち出したのだろう。

◆同期は永遠のライバルという現実

同期の絆というものは、その期全体の将来に関わる問題なことは「花の期」の存在からもうかがえよう。しかし、これはエリート街道をひた走るトップ・グループの話であって、ボトムに行けば行くほど、自分には関係ない話と受け止め、噂話ほどの関心しか寄せない。もちろん、同期の栄達を見て自分もと発奮する人も多い。それはおおむね嫉妬から始まっているが、「切磋琢磨」と表現すれば美しい話になる。さらには「あの野郎、調子に乗りやがって、旧悪をばらしてやろうか」ともなり、行き着く先は「あー奴が将官とは世も末だ」という溜め息だ。

後述することになるが、陸海軍ともに少尉から中尉、大尉へは同期が同時に進級した時代が長く、これは「先任順の進級」と呼ばれていた。尉官時代の職務には軽重もなく、同期の仲間という意識は強い。ただ、僻地の連隊に回されると、同期からも疎外されたような気持ちになったようだ。大正軍縮前、三大僻地連隊として知られていたのが、島根県浜田の歩兵第二一連隊、新潟県村松の歩兵第三〇連隊、福井県鯖江の歩兵第三六連隊だった。旭川は昭和に入ってからも、僻地衛戍地扱いだった。もちろん朝鮮半島の二個師団の各部隊も僻地部隊扱いとなる。

そして陸軍では大尉に進級した時、海軍では大尉に進級して八年が経過した時、すなわち陸大と海大甲の受験資格がなくなった時、同期の間で区分けが生まれる。特に陸大を重視する陸軍では、この区分けは明瞭となる。あまりの格差ということで、昭和八年から一年修業の専科学生というコースを陸大に設けたが、同期生が天保銭組と無天組とに分けられていることに変わりがない。

そして少佐に進む時から進級抜擢が行なわれる。大尉の序列のここからここまでを少佐に進級させ、残りは大尉のままとなる。これが繰り返されれば、同期に追い抜かれるどころか、後輩の後輩の後塵を拝することもごく普通となる。海軍の場合、進級が遅れていても、駆逐艦の艦長ならば一国一城の主、先任順に並んでいる尉官の部下を指揮しているのだから、そう感情問題が起きることもないだろう。

ところが陸軍の多くの場合、事情が違ってくる。同じ衛戍地や師団管内で日常的に同期や後輩の少佐と接する大尉となれば、そう穏やかな気持ちではいられない。まして幼年学校や陸士時代の所業を互いに承知しており、陸士の成績が恣意的に操作されたものであることを知っている。さらには隊務を疎かにしてまでの陸大受験勉強を見ていた方は、同期の絆どころの話ではなくなるのも人間として無理からぬことだ。まして誰もが中学のトップ・クラスなのだから、話はまずい方向に発展してしまう。

もちろん、誰もがこうなる事情は心得ている。軍隊は宿命的にピラミッド状の構造をしているから、階級が上がればポストは限られてくる。昭和十二年頃の戦時編制を見ると、歩兵連隊には一般中隊長一二人、機関銃中隊長三人、歩兵砲中隊長一人、速射砲中隊長一人、合計一七人の大尉がいた。これが少佐になれば三人の大隊長に絞り込まれ、中佐は連隊付中佐一人が原則、大佐は連隊長一人だ。少佐、中佐を艦長とする駆逐艦四隻をもって駆逐隊を編成し、司令は中佐だ。この駆逐隊三個もしくは四個をもって水雷戦隊を編成するが、司令官は少将だ。補職先はそれなりにあるようだが、艦長、司令、司令官と三レベル上がると、水雷屋の頂点に達してしまう。

ポストが限られているのだから、同期は常に最強のライバルとなる。それは残念なことだが、軍隊の規模が現状維持のままであれば、致し方ないことだ。これが戦時ともなれば大動員が始まって、ポスト数の問題は解消、誰もが数ランク上のポストが望めてハッピーになれる。大正からの軍縮傾向で軍人の誰もの意識が逼塞状態にあった時、突発したのが支那事変だった。人事の問題からしても、戦線の拡大を抑えられなかったのも無理ないことだった。

もちろん、同期をライバル視しない人達もいる。そういうタイプの人は、同期の後尾に居並んでいる。それが持って生まれた性格なのか、置かれた立場を受け入れて達観したのか、出世などは望まず、首から下のご奉公で結構だとし、与えられた職務に精励する人達だ。なぜかこのタイプは、幼年学校出身者に多く見られ、前線でリーダーシップを発揮したと伝えられている。そうなると旧陸海軍の人事というものを改めて考えさせられる。

これに対して省部勤務のエリートともなると、同期の絆など毛頭なく、顕職の奪い合いを演じる。昭和十五年九月、日本は北部仏印（北ベトナム）に武力進駐し、あと戻りのできない道に一歩踏み出した。この時、参謀本部第一部長だった冨永恭次は、これに積極的で二度も現地指導に赴いた。その際、彼に重大な越軌な行為があったとし、沢田茂参謀次長は帰国した冨永に釈明を求めた。すると冨永は「すでに大命（天皇の命令）が下っているのに、あれこれ言うとは何事か」と激高して食って掛かり、その場で職務停止となった。そして更迭、冨永は公主嶺の戦車学校長に飛ばされた。

通例、前任者は後任者に誰を希望するかを述べる機会が与えられ、それが可能な限り尊重される。ところがこの冨永の場合、事情が事情なだけに、そのような機会は与えられなかった。では、後任は誰かというと、なんと陸士二五期の同期で冨永がよく知る田中新一だった。冨永としては後任が同期の田中だったことについて、含むところがあったはずだ。

そして昭和十七年十二月、ガダルカナル戦を巡る船舶問題で第一部長の田中は、まず軍務局長の佐藤賢了［石川、陸士二九期、砲兵、航空転科、陸大三七期］を殴り、さらには東條英機首相兼陸相に向かって暴言を吐いて更迭された。転出先はまず南方軍付、次いでビルマ戦線の第一八師団長（久留米）だった。第一部長を務めた人を遇する道ではないが、これをあえてやった人事局長が冨永だった。実はこれに先立つ昭和十七年四月、これまた同期で軍務局長の武藤章［熊本、熊本幼年、陸士二五期、歩兵、陸大三二期］がスマトラにあった近衛師団長に飛ばされた。もちろん東條の意向によるものにせよ、人事局長の冨永を抜きにしては語れないことだ。

東條の失脚とともに、冨永も次官兼人事局長からフィリピンにあった第四航空軍司令官に転出した。ところが彼は敵前逃亡同然で台湾に下がった。これには第一四方面軍司令官の山下奉文は激怒したが、同方面軍参謀長になっていた武藤は、「自分と冨永は熊本幼年以来の仲なのです。けしからん振る舞いですが、どうか穏便に取り計らっていただきたい」ととりなしたという。親補職にある将官を軍法会議に掛けるなど考えもできないので、冨永は予備役編入の上、召集され関東軍の第一三九師団長（満州）に補された。昭和三十年、冨永はシベリア抑留から帰国したが、同期の友情から武藤が山下にとりなしてくれたことを、最後まで知らなかっただろう。

第三章　一本道ではない大将街道

◆最初の別れ道は「原隊」

長らく陸軍では、士官候補生として部隊に向かう際、兵科を二つ、それぞれの兵科で任地を二つずつ希望することができた。具体的にいえば、歩兵科と砲兵科を希望し、任地は歩兵科ならば東京と仙台、砲兵科ならば宇都宮と名古屋という具合だ。そして希望なのだからと、多くの者が近衛師団や在京部隊などと高望みをしがちだ。

まず、この兵科の決定は、当局にとっても頭の痛い問題だった。当時の青少年が武窓を選んだ理由の一つに、「馬に乗れる」ということがあった。軍人になればすぐに馬に乗れると思っていたところ、歩兵はそうではないことを知る。常時、騎乗が認められる歩兵の乗馬本分者は少佐の大隊長以上で、そうなるまで一五年はかかる。そんなに待ってはいられないと、すぐにも馬に乗れる騎兵科や砲兵科の希望者が多くなる。

兵科将校の六割近くを歩兵科に回さなければ、軍の主兵の戦力は維持できない。そこで本人の希望など一切無視、当局の都合で一方的に決定する。「歩く計算尺」のような異様なまでに理数に強い者は、まず工兵科に回す。騎兵科は少尉任官時、高価な馬具一式を揃えるから、軍装手当の四〇〇円ではとても足らず持ち出しとなるので、それなりに裕福な家庭の子弟が選ばれる。砲兵科も理数に強い者が望ましい。輜重兵科も早くから馬に乗れるが、「オミソ」といって人気がいま一つだから、中学出身者の一部を充ててお茶を濁す。そして将来の陸軍を担うような人材を加えたその他大勢、それが歩兵科だ。

任地も本人の希望を聞いていればきりがないので、ガラガラポンと一方的に決められる。当局がまず重視することは、各部隊の平準化だ。部隊の戦力が均一ならば、運用が容易になるからだ。そこで召募試験、幼年学校もしくは陸士予科の成績で「甲乙丙」とに分けてこれを組み合わせ、多少は本人の本籍地を考慮して全国に展開させる。近衛師団や第一師団はそれなりに考慮されるが、「甲」だけが回されるということはない。

この兵科と任地の希望は、はずれてもともと、当たればしめたものと、近衛歩兵第一連隊など名門部隊を並べ立てる。こういうタイプは、陸軍を多少は知っている幼年学校出身者が多く、また希望はあくまで希望にすぎず、不平を口にしても「希望を聞いてやったではないか」で済まされることも知っている。だから、朝鮮半島最北部、会寧の歩兵第七五連隊と宣告されても、そんなことだろうなとショックはそれほど受けない。

ところが能力に自信があるのか、本気で在京の歩兵連隊を志望する人もいる。ふたを開けてみると、砲兵科、部隊は旭川衛戍の野砲兵第七連隊とすべてはずれとなる。そして九州育ちの者が東北本線の夜行で上野を発ち、青函連絡船の北帰行だ。これは極端な例だが、多くの者が似たような経験をしていて、それがその人の軍歴で最初の挫折であり、かつ人事への不満となる。

隊付士官候補生としての勤務を終えて陸士本科入校、一年半修業して今度は見習士官として隊付勤務となる。おおむね士官候補生として勤務した部隊と同じだ。そこで陸士の成績が極端に悪いと、連隊長らに「どの面下げて帰って来たのか」と面罵され、その連隊長が転出するまで面白くない毎日が続く。昭和陸軍を騒がせた革新派の青年将校の多くは、そういう経験をした人が目立つ。

二カ月ほどの隊付勤務ののち、そこの将校団の銓衡会議でその一員であることが認められて少尉任官となる。そして連隊長の執行の下、連隊全員が揃って命課布達式が挙行され、連隊の一員であることが伝えられる。この最初の命課布達式は厳粛なものであり、誰もが、「あれには感激した、一生忘れられない」と語る。

そして、その部隊がその人の「原隊」となるが、これはそこに在籍中だけのことではなく、一生そこの将校団の一員であるとされる。そして最初の命課布達式を執行してくれた連隊長も一生の連隊長で、その人が陸軍三長官になったとしても、会う機会があれば「連隊長殿」と呼び掛けられるというのが慣例だった。この原隊を同じにする関係は、同期の絆よりも太く、強いものだった。

この繋がりは、精神的なものに止まらず、形に見える利得をも共有する関係にもなっていた。後輩は先輩を立ててなにかと汗をかき、先輩は後輩を引き立てて面倒を見るという関係だ。昭和十四年のノモンハン事件で関東軍の少佐参謀だった辻政信は暴走してやりたい放題だったが、問責人事でも首はつながった。それには彼の原隊が金沢の歩兵第七連隊だったことも関係している。当時、関東軍参謀長の磯谷廉介［兵庫、大阪幼年、陸士一六期、歩兵、陸大二七期］は辻が中隊長の時、歩兵第七連隊長だった。関東軍参謀副長の矢野音三郎［山口、陸士二二期、歩兵、陸大三三期恩賜］の原隊も歩兵第七連隊だ。

昭和十一年の二・二六事件後、処刑された者の遺族は困窮した生活を送っていた。これを知った陸軍次官の梅津美治郎は、兵務局長の今村均［宮城、陸士一九期、歩兵、陸大二七期］と計らって、陸軍省の機密費で遺族を各種の保険に加入させ、その家計を助けた。「明哲保身」と評されていた梅津が、どうしてここまで骨を折ったか。事件の首魁として処刑された安藤輝三［岐阜、仙台幼年、陸士三八期、歩兵］の命課布達式を執行したのは歩兵第三連隊長の梅津だったからだ。

温情があり、将来中央で活躍するであろう連隊長に巡り会えるかどうかが最初の別れ道となるが、これはもう偶然の所産だ。連隊長といっても三種ある。連隊長を下番してすぐに待命、予備役編入となる人、待命は免れたが連隊区司令官や学校配属将校に転出する人、そして省部の課長などに栄転する人、これがそれぞれ三分の一ずつだ。連隊長の軍歴を見れば、おおよそどういう道を歩むかはわかるが、将来のある連隊長の部隊に行こうとしてもそれは無理で、運の問題となる。まさに軍隊は、将校にとっても最初から「運隊」だったわけだ。

将来の大物がどこの連隊長になるかの見当は付く。そういう人の多くは、中央官衙勤務からの転出だが、後任との連絡の便を考慮して東京とその近辺の連隊に回されるケースが多い。そこで近衛師団、第一師団となるのだが、ここはまず競争率が高く、なかなか割り込めない。しかも、どちらも部隊として問題を抱えている。

近衛師団の歩兵と騎兵の部隊は、全国から選抜した壮丁からなる。ほかは関東甲信の第一師管区、第一四師管区での徴集兵からの選抜となっていた。選抜された壮丁となれば精強となるはずだが、日本独特な郷土部隊としての団結に欠けるきらいがある。この欠陥がもろに露呈したのは、大東亜戦争の緒戦、マレー進攻作戦だった。第五師団（広島）と第一八師団（久留米）は部隊感状をものにしたが、近衛師団はこの選からもれた。

また、近衛師団は毎日輪番で歩兵大隊一個もって皇居守衛に当たらなければならないが、これは大きな負担だ。そして、東京一帯の訓練環境は年を追うに従って悪くなる一方だった。これは第一師団の在京部隊も同じことだ。そして第一師団は、都会部隊ならではの難しさがある。麻布の歩兵第三連隊には、あらゆる職業の壮丁が集まっていることで知られており、管理する側もなにを基準にすればよいか困っていた。赤羽の工兵第一大隊（連隊）には、東京一帯の土木、建築、水運に従事している者が集まっており、娑婆の方が軍隊より厳しいということで、これまた統御がむずかしく、ここで士官候補生が勤まれば、どこに行っても苦労を感じないとまで語られていた。

このように部隊の団結や訓練環境を考慮すれば、近衛師団や第一師団の部隊は敬遠した方が賢明だが、狙い目もある。千葉県佐倉に衛戍する第一師団の歩兵第五七連隊だ。実際、ここは大物の連隊長が多く、古くは金谷範三や林銑十郎［石川、陸士八期、歩兵、陸大一七期］、今村均や秦彦三郎［三重、陸士二四期、歩兵、陸大三一期］も歩兵第五七連隊で連隊長を務めている。ここは佐倉連隊区の管内で千葉県一県で歩兵連隊一個との理想形だった。千葉県の壮丁は半農半漁の家庭の者が多く、体格に恵まれ甲種合格の率が高く、気風も純朴だとされていた。習志野や国府台の演習場と訓練環境に恵まれている。ところが佐倉の人気はいま一つで、千葉県人以外は希望しなかったようだ。しかも千葉県出身の士官候補生は少ないから、ここが狙い目となる。

訓練環境に恵まれ、徴集兵の質が良い部隊、かつ本籍地に近いところを選べば、志望通りになる可能性は高く、最初から深刻な挫折感を味わうこともない。当時でもこのような事情は、広く知れ渡っていたわけではない。ただ、軍人の子弟ならば親が指導し、人気だけでなく隊付勤務がしやすい部隊を選ばせるから将来伸びるということになる。

海軍には、陸軍の「原隊」という意識そのものがない。遠洋航海を終えて最初に乗り組んだ艦艇でも特別な意味はない。最初から戦艦に乗り組んでも、単なる自慢話だ。その時の艦長が大将にまで進んだとしても、話の種以上のものではない。

新品少尉の時、横須賀、呉、佐世保、舞鶴の各鎮守府に配置され、そこを定係港とする艦艇に乗り組むことになるが、どこの鎮守府かで将来を占うということはあり、最初が佐世保で出世した者はいないともっぱらだった。なぜ佐世保がだめかといえば、ここの花柳界は海軍さんを大事にするから、若い士官はすぐに遊蕩に身を持ち崩すと笑い話になっていたわけだ。

余談になるが、海軍士官は自分達のことを「スマートで目先が利いて几帳面、負けじ魂これぞ船乗り」だとし、だから持てるのだと思い込んでいたようだ。花柳界のお姐さん方がそんなに甘いはずがない。海軍士官ならば身元がはっきりしている、それなりの給料も取っている、そしてなにか問題が起きても鎮守府に「恐れながら」と申し出ればどうにかしてくれるので、海軍さんを上客扱いしているまでのことだ。その実態を知るまで、せっせと授業料を払い続けるとの構図だ。

◆大事にされる二期違いの関係

いつの時代でも、どこの幼年学校でも起きたことではないようだが、三年生が卒業して武窓を去った夜は無礼講となり、それが二年生と一年生の乱闘に発展することがあった。主な原因は、この一年で積もり積もった一年生の恨み、辛みだ。誰もが中学のトップ・クラスの者だから、上級生の仕打ちが理不尽なものかどうか判断できる。かつ、それをなかなか忘れない。しかも、幼年学校を志望するくらいなのだから、血の気の多い連中だ。

それまでも一触即発という場面もあったろうが、三年生と二年生の連合軍対一年生では勝ち目がないから黙って耐えるほかない。ところが三年生が去り、一対一となった今晩、やってやれないことはない、そもそも無礼講ではないかとなる。そこに群集心理が働いて乱闘に発展する。二年生側にも乱闘する理由がある。二年生は、これから自分達が頂点に立ち、新しい体制を確立しなければならないと考えている。ここでヤンチャで茶目な一年坊主を締めておいて、三年生、二年生のそれぞれの止まり木の位置を確認しておく通過儀礼が必要だということだ。

この一期違いという、もっとも濃密な上下関係はなにかと問題をはらんでいる。一年生に辛く当たるのは三年生だが、ゲートルの巻き方に始まり、あらゆることを身をもって伝授してくれるから感謝し、畏敬の念すら生まれる。ところが二年生にはそこまでの指導力がなく、あれこれ口うるさいばかりで、すぐ手を出す嫌な連中となる。

これは海兵でも同じだ。三年生の一号生徒が分隊の伍長、伍長補となって一年生の三号生徒の面倒を見る。後輩が入ってきて生意気になった二号生徒は、三号生徒にあれこれ難癖を付けては「修正」と称して鉄拳を振るうという構図だ。では、幼年学校のように海兵でも一号生徒が江田島から去った日、二号生徒と三号生徒が乱闘を繰り広げたかといえば、そういう話は伝わっていない。

それは海兵の生徒が紳士だったからではなく、生徒隊の構造によるものだった。時代によっても異なるが、海兵では全生徒を二〇個の分隊に区分し、各分隊は一号、二号、三号、時代によっては四号の混成としていた。各期は分断されているから、群集心理が働かないので、乱闘までには至らない仕組みになっている。

また海兵では、上級生を公然と襲う機会がある。毎週土曜日に行なわれる「棒倒し」だ。この海兵伝統の「棒倒し」は、防衛大学校にも引き継がれているが、これを見た陸士出身者は「なんと乱暴な、大事な幹部候補生が怪我でもしたら誰が責任を取るのか」と渋い顔をしていたものだ。海の世界はどうも粗暴で、商船学校は大学になってからも相当乱暴だったと聞いている。「獰猛」をわざわざ「ネイモウ」と読み代えて、「我々の期はネイモウだった」と胸を張る人もいた。

さて、幼年学校の乱闘騒ぎの結末だが、やはり一年の年季の差はだてではなく、二年生の勝利で幕となるのが通例だ。ところが一年生圧勝ということも時たまに起きる。生徒監や助教らは、「これも鍛練」と見守っているだけだが、一年生勝利となると「やはり干支というものはあるね、この一年生は丑寅だ」と語り合っているのだから、幼年学校とは面白い学校だった。

それこそ獰猛な一年生に遭遇して完敗した二年生は災難だ。いつまでもこの後輩を敬遠し続ける。その一方、勝った一年生は武勇伝を語り続けるから、この両者うまく行くはずがない。同じ幼年学校出身で一期違いなのに、とかく馬が合わないというケースもあるようだが、それにはこんな背景が隠されていた。

このように一期違いには、どこか引っ掛かるところがあるが、不思議と二期違いは円滑な関係を保つ。それは勤務のサイクルによっても増幅される。これについては、幼年学校が六校と中央幼年学校が揃っていた時代を中心に見て行きたい。

各幼年学校で三年修業後、七月に中央幼年学校に進むが、二期先輩はその年の五月から隊付士官候補生として部隊にいるから、ここではすれ違いになる。そして中央幼年学校で一年半修業し、隊付士官候補生として部隊に向かうが、そこには二期先輩が隊付見習士官として待っている。部隊というものを知らない士官候補生をあれこれ面倒を見てくれるのが、すぐにも少尉に任官する二年先輩のこの見習士官だ。

そして約半年の隊付勤務を終えて陸士入校、一年半の修業後におおむね士官候補生として勤務した部隊に今度は見習士官として向かう。そしてそこには見習士官として面倒を見てくれた二期先輩が中隊付中尉になって待っている。この中尉が見習士官の教官役となる。これら士官候補生、見習士官の時の二期先輩との関係は、大事な「原隊」を同じにする意識とが重なって緊密なものとなる。そしてこの関係は上下に伸びて四期違い、六期違いの関係にも発展する。とても好例とはいえないが、昭和十一年の二・二六事件の決起将校の系譜には、この陸士二期、四期違いの関係が如実に現れている。

赤坂の歩兵第一連隊では次のようになる。事件当時は歩兵第一旅団副官の香田清貞〔佐賀、熊本幼年、陸士三七期、歩兵〕、四期後輩の栗原安秀〔佐賀、陸士四一期、歩兵〕、二期後輩の丹生誠忠〔鹿児島、陸士四三期、歩兵〕、さらに四期後輩の林八郎〔山形、仙台幼年、陸士四七期、歩兵〕と池田俊彦〔鹿児島、陸士四七期〕と連なり、奇数期で統一されている。

麻布の歩兵第三連隊では次のようになる。第七中隊長の野中四郎〔岡山、東京幼年、陸士三六期、歩兵〕を筆頭に、第六中隊長の安藤輝三、六期後輩の坂井直〔三重、広島幼年、陸士四四期〕と高橋太郎〔石川、陸士四四期、歩兵〕と連なり、ここでは偶数期で統一される。おそらくは四〇期、四二期に同調者がいたと思うが、はっきりしたことはわからない。そして秩父宮雍仁は三四期で、昭和七年九月まで歩兵第三連隊の第六中隊長だった。

海軍の場合、少尉候補生の教育は、練習艦隊で一括して行なう。そのため陸軍のように、二期先輩、四期先輩に世話になったという関係は生まれない。遠洋航海を終えて少尉に任官し、艦艇の乗り組んで士官次室（ガン・ルーム）に入り海上勤務が始まるが、この新米を教育するのは、各艦の事情などで担当者はまちまち、それも固定されていないから、何期の世話になったとかいう意識はない。

陸海軍で共通していたのは、あるポストで二年勤務すると異動になる。二年で動くとなると、少なくとも陸軍の場合、前述した二期もしくは四期違いの関係とマッチする可能性が高まる。どこの軍隊でも同じと思うが、事故による人事異動でない限り、後任人事は前任者の意向が尊重される。事情によっては、後任のそのまた後任まで名前を上げて推薦する場合すらある。

軍隊の人事とは意外なまでに丁重なものだ。まず、貴官の後任はどなたを希望しますかと、人事当局者が異動する者に問う。そこですぐに希望を述べず、上司とも相談してからにいたしますと下手に出るのがコツだ。するとそれでもと催促されれば、少尉、中尉の頃からの知り合いで、好感を寄せていた後輩の名前を出すだろう。そこで二年後輩、四年後輩という関係と人事のサイクルとが同期する。もちろんこれもある種の恣意的な人事、情実人事といえようが、同期の間のタライ回し、期が戻る人事、期が大きく飛ぶ人事よりも収まりがよいということだった。

◆嫉妬を招く目立ちすぎは禁物

尉官の頃から全軍に知れ渡るということは、西竹一［鹿児島、広島幼年、陸士三六期、騎兵］のようにオリンピックの馬術で優勝するということでもない限り、まずないように思われよう。しかし、少なくとも陸軍では、尉官で話題になる人がいる。それは前述した陸軍版「お受験」、陸大入試にまつわる話題だ。

陸大入校をはたした人も、多くは四苦八苦して受験勉強に明け暮れ、何回かの不合格の末、ようやくというのが普通だ。ところが同期の先頭でいとも楽々と難関を突破し、中尉で天保銭を吊る人もいる。そういう人の多くは、なぜか恩賜の軍刀をものにする。苦労を重ねてきた先輩としては、「後輩なのだから、少しは遠慮をしてもよさそうなものだが」と愚痴が出るのも自然なことだ。

陸士一八期は優秀な期として知られているが、早くからそのトップは酒井鎬次［愛知、名古屋幼年、陸士一八期、歩兵、陸大二四期］だともっぱらだった。酒井は中尉一年目で筆記試験の初審を突破、勢いに乗って口頭試問の再審もクリアー、陸士一八期で先頭、ただ一人で陸大二四期となって中尉で天保銭を吊り、しかも軍刀組の次席だったから注目された。

こんな信じられないような出来事も、無天組や陸大に進む気持ちがない者には関係ないことだ。ところが苦心惨憺の末、ようやく天保銭組となった者、今現在ねじり鉢巻で受験勉強中の者、楽々と後輩に追い抜かれた者はどう感じるか。その受け止め方は人それぞれだろうが、それでも公約数はある。話を聞いた最初は瞠目、次は羨望、そして行き着く先は嫉妬だ。ヒトという感情の動物は、ヒトを侮蔑するか、そうでなければ嫉妬するかの二つに一つといわれるから、話は厄介な方向に発展する。

まだ中尉だった酒井はフランス駐在となり、折からの第一次世界大戦で観戦武官としてフランス軍に従軍、戦線をくまなく歩き、その詳細な報告は参謀本部や陸大を唸らせたという。酒井は大戦後もフランスに長く駐在し、クレマンソー首相やフォッシュ元帥とも親交があったというのだから並の人ではない。帰国後、酒井は陸大教官となり、フランス仕込みの最新の軍事を伝授し、彼の声望は高まるばかりだった。その頃から酒井は近衛文麿との親交が生まれ、私設軍事顧問と見られるようになったというから、なにからなにまで目立ちすぎだ。

この酒井の活躍を眺め、心中穏やかでなかったのが東條英機だ。原隊は東條が赤坂の近衛歩兵第三連隊、酒井が青山の近衛歩兵第四連隊で、少尉の頃から顔見知りだから話はもつれる。東條がようやく陸大二七期に入った時、酒井はすでに次席で卒業しており、エリートが集まる軍務局軍事課付でフランス留学の準備中だった。陸士一期後輩に大きく差を付けられたと歯ぎしりする東條の姿が容易に想像できる。

東條は少将に進級して陸士幹事（副校長）となったが、政治的な策動が目にあまるということで、在任六カ月で更迭、久留米の歩兵第二四旅団長に飛ばされた。後任の陸士幹事はなんと酒井となった。この人事で二人の関係は悪化した。まずいことに東條の次の次の歩兵第二四旅団長が酒井だったので、付け回され続けたという被害者意識から、東條はますます酒井を敵視するようになった。

そして昭和十二年三月、東條は関東軍参謀長、酒井は公主嶺の独立混成第一旅団長となり、二人は満州で顔を合わせることとなった。この混成旅団は機甲部隊のパイロット部隊として注目されており、酒井にとっては二度目の旅団長だが栄転ともいえようが、東條が参謀長では災難だ。検閲にやって来た東條は、立て続けにむずかしい想定を示し、その結果を酷評した。東條は機甲部隊について批判的だったわけでもなく、ただ旅団長が酒井だからというだけのことだった。

これで酒井に決定的なマイナス点が付き、またすぐに始まった支那事変における独立混成第一旅団の戦績も芳しくなく、酒井は昭和十三年三月に留守第七師団長に飛ばされ、次いで廃止が決まっていた第一〇九師団長となり待命、予備役となった。また、独立混成第一旅団は、昭和十三年八月に発展的解体の形をとって第一戦車団となった。東條と酒井の確執は、個人的感情のもつれに止まらず、機甲部隊の発展を阻害したとまで語られた。

作戦の神童として早くから知られていたものの、これまた東條英機との確執から退場を余儀なくされたのが鈴木率道だ。彼は幼年学校から陸士まで恩賜の銀時計こそものにしなかったが、常に上位一桁を維持していた秀才だ。彼は砲兵科で砲工学校の高等科に進んだため、同期の歩兵科の者より二年の遅れが生まれ、陸大は三〇期となった。ここで奇才として知られていた石原莞爾を押さえて首席となり、彼の名前が知られるようになった。陸士二二期は優秀な期として知られるが、陸大首席は鈴木だけだった。

そして陸大新卒者の配当で鈴木は、中尉のままで参謀本部第二課の勤務将校となった。以来、陸大教官、年季稼ぎの部隊勤務を挟みながら、鈴木の中央官衙勤務は参謀本部第二課のみと徹底している。第二課の兵站班長、作戦班長、そして課長とこの三役すべてに上番したのは、第二課の長い歴史でも彼だけだった。厳しい徒弟制度の第二課で大過なく来たというだけでも大変なことだ。

そして鈴木がその名を残したのは、まだ大尉の時、昭和三年制定の『統帥綱領』を起草したことによる。数年はかかると見られていた編纂作業を数カ月で仕上げてしまい、その内容とともに参謀総長の鈴木荘六が絶賛したという。なお、この『統帥綱領』には、人事について、「高級指揮官は夙に部下の識能及び性格を鑑別して適材を適処に配し、たとえ能力秀でざる者といえども必ずこれに任処を得しめ、もってその全能力を発揮せしむること肝要なり」と記述している。

前述したように鈴木は第二課長時代、さまざま問題を起こし、「鈴木さんは頭は良いが、とかく紛糾の種をまいて歩く」と評されるようになった。第二課長在任三年を越した鈴木は、ロンドン軍縮会議の随員を花道に下番し、その後任が一期戻って石原莞爾となった。さて、帰国する鈴木の補職が問題だ。人事当局の案では、ちょうど空く姫路の野砲兵第一〇連隊長とし、続いて少将へ進級、これで参謀本部第一部長の目を残すということに落ち着いたようだ。人事当局は、この昭和十年度末の人事異動案を関係部署に内示して、意見を聴取することとなった。

当時、第二師団長だった梅津美治郎は、師団参謀だった重田徳松［千葉、陸士二四期、砲兵、陸大三五期］の健康に問題があるから、気候の良い姫路の連隊長に充ててくれるよう要望した。そこは鈴木率道を予定していると聞くと、梅津は「鈴木君をどこかに移して重田をぜひ姫路に」と重ねて求めた。梅津が部下の人事にこれほど熱心になるのはよくよくのことだし、人事当局者としても陸軍次官、陸相確実と見られている人の要望を聞くのは賢明だと心得ている。

では、鈴木の補職はどうするか。ちょうど昭和十一年度に支那駐屯軍が改編され、支那駐屯野砲兵連隊が新編されることになっていたので、ここの連隊長に鈴木をとなった。そして連隊長下番直前に航空科に転科となり、鈴木の行く末は暗くなる。そしてすぐに支那事変となり、鈴木は第二軍参謀長となって出征した。

この時、たまたま華北は大洪水に見舞われ、鈴木の作戦の冴えも妨げられ、また近代的な作戦が通じる相手でもなかった。そして帰国する鈴木を待っていたポストは、なんと航空本部総務部長だった。本部長は東條だ。ここで破顔一笑、過去を水に流して手を取り合うという性格の二人ではない。毎日、顔を合わさなければならなくなったこの二人、どんなことが起きたのか、ほとんど伝えられていないが想像はできる。

そして鈴木は、大東亜戦争の開戦に先立ち、関東軍にあった航空兵団司令官に転出、これを改編した第二航空軍司令官を務めていた。昭和十八年に入ってから、関東軍の航空部隊を南方に転用する問題が浮上した。錬成途上の部隊ばかりだから、南方への展開機動中から損失が多いと第二航空軍は難色を示した。これが大本営と第二航空軍との意見対立をもたらし、健康も害していた鈴木は更迭され、昭和十八年六月に予備役編入となった。悲劇にもその二カ月後に鈴木は急逝した。若い頃からあまりに目立って嫉妬されると、末路は哀れになりかねないことを鈴木は証明したことになるだろう。

◆追い込みが利く有利な二番手

同期の先頭で進級する一選抜の枠に入ると思われていた人が、ふたを開けて見るとその選にもれていたということがよく起こる。すると周囲の者は、「早く進級するだけが能じゃない。進級が早すぎて補職先がなく、冷や飯を食わされることもある」と激励する。これはまんざら口先だけの慰めではなく、そういうことがまま起こる。

補職先があっても、その人の能力や専門に見合ったポストでなかったり、員数合わせで飛ばされたとしか思えない異動に遭う。さらには持って行く先がなく、陸軍ならば「付」、海軍ならば「出仕」という形でポスト待ちを余儀なくされる。しかもその間、便利にこき使われる。そうなると経歴に隙間が生じ、のちのちまで響く。病気でもしたのか、それともなにか事故でも起こしたのかと勘ぐられる。減点主義の組織では、勘ぐられるだけでも大きなマイナスだ。

実際、一選抜を重ねつつトップで最終ゴールを駆け抜けたケースは、意外と少ない。競馬でも先行、逃げ切りで決まるレースよりも、最終コーナーを回ってからの追い込みで先行馬を抜くレースの方が盛り上がる思潮が日本にはある。海兵三三期の豊田貞次郎と豊田副武

［大分、海兵三三期、砲術、海大甲一五期］の「ダブル豊田」に阿武清［山口、海兵三三期、水雷、海大甲一四期］がからんだ大将レースがその好例だろう。

海兵三三期のクラス・ヘッドは、東京外語英語科中退という変わり種の豊田貞次郎だった。海兵、砲術学校高等科、海大甲一七期、これすべて首席というのが彼のスコアーだった。当初、これに肉薄したのは豊田副武ではなく、阿武清だった。阿武のスコアーは、海兵三席、水雷学校高等科首席、海大甲一四期次席だった。この二人に対して豊田副武は海兵などの成績は上位の下といったところだったが、海大甲一五期で首席をものにして注目される存在となった。

この三人のマークだが、阿武は水雷、ダブル豊田は共に砲術となっている。また、豊田貞次郎は軍務局育ちの軍政屋、阿武は人事畑の育ち、豊田副武はどちらかというと教育畑の人

豊田貞次郎

豊田副武

だ。このように住み分けができているので、レースに面白味が増す。ハンモック・ナンバー二がものを言う海軍だから、豊田副武は少将までほかの二人よりも進級が一年遅れており、二番手に甘んじる形となっていた。

古参の大佐の時、阿武は軍令部第一部第一課長（作戦課長）、豊田副武は教育局第一課長（兵学、航海術、運用術）の職に就いた。ところが豊田貞次郎は海外勤務が重なったためか、課長の職に就くことはなかった。彼ほどのエリートになれば、課長に就かなかったことぐらいどうということもないのだが、それでも正しくステップを踏んでいないとマイナスにはなる。ここで二番手にあり、着実に職務を果たしている豊田副武が豊田貞次郎に迫って行くという構図が浮かび上がって来た。

昭和五年十二月に阿武は人事局長、六年十一月に豊田貞次郎は軍務局長に就任した。豊田副武は昭和十年三月に教育局長、続いて同年十二月に軍務局長と、阿武と豊田貞次郎に大きく水をあけられていた。この頃、豊田貞次郎の大将は確実、阿武の大将は微妙なところ、豊田副武は中将までかと見られていた。

ところが、どういう事情か豊田貞次郎は軍務局長を下番する時、軍需畑に転進することとなり、広や呉の工廠長に転出し、この分野を研修している。そして海軍次官在任中の昭和十六年四月、大将に名誉進級した上で予備役に入り、第二次近衛文麿内閣に商工相として入閣した。以来、彼は外相などを歴任し、終戦時には軍需相兼運輸通信相だった。なんとも華々しい経歴だが、現役大将としての勤務はなかったことになる。

昭和八年十一月、阿武は人事局長から第二水雷戦隊司令官に転出し、十年二月に軍令部第一部長に就任した。ところが第一部長在任中の同年四月に病没してしまい、中将が遺贈された。

一方、豊田副武は教育局長在任中の昭和十年十一月に中将に進級、軍務局長を経て第四艦隊司令長官に転出した。そして支那事変で青島攻略など戦功を重ね、昭和十六年九月に呉鎮守府司令長官就任時に大将に進んだ。そして終戦時、海兵三三期ただ一人の現役で最後の軍令部総長を務めた。

陸軍でも二番手、三番手に付け、着実に軍歴を重ね、遂には大将をものにした人も珍しくない。その代表が最後の関東軍総司令官となる山田乙三〔長野、陸幼、陸士一四期、騎兵、陸大二四期〕となろう。一四期の騎兵科には橋本虎之助〔愛知、陸幼、陸士一四期、騎兵、陸大二二期〕と宇佐美興屋〔東京、陸幼、陸士一四期、騎兵、陸大二五期〕というエリートがいたため、山田は目立たない存在だった。なお、陸士一四期の騎兵は六六人だった。

ちなみに橋本は、騎兵第一連隊付で日露戦争に出征、旅順要塞攻略戦に加わった。そして旅順開城となった際、ステッセル将軍一行を先導したのが第三軍司令部衛兵隊長の橋本少尉だった。その颯爽とした英姿は映像として残り、少尉の時から有名人となった。宇佐美は旧幕臣の子弟で、早くから馬術の名手として知られていた。

一方、山田も騎兵第三連隊（名古屋）付で日露戦争に出征、激戦で知られた南山戦にも加わったが、チフスに罹患して内地に後送され、陸士教官で日露講和を迎えている。そして陸大二四期に進み、卒業後は参謀本部第三部第七課（通信課）に配置された。当時は未だ陸上の無線通信は黎明期で、通信課も創設間もない頃だった。通信の分野は理数に明るい工兵科の所掌とされていたが、どうして騎兵科の山田が回されたのか、そのあたりの事情はわからない。

大正二年、名古屋一帯で特別大演習が行なわれ、山田は統監部通信の業務に従事した。総延長五〇〇キロにもわたる有線通信網を管理し、さらにこの時、初めて統監部電信隊が編成され、移動式無線電信機が実用に供された。第一次世界大戦後、騎兵は黄昏の兵科といわれたが、山田は通信という特技があり、それで大将への道を切り開いたといえよう。

そして山田は、騎兵中隊長に始まり師団長までの部隊長をすべて経験している。エリートほどどこかパスしているのも珍しくないが、そういうことがない山田は評価される。しかも、どれもが年季稼ぎの腰掛け勤務でなかったことを山田は終生の誇りとしていた。そして巡り合わせなのだろうが、軍政畑に一歩も足を踏み入れなかったことは、清廉実直な人というイメージを生み、どこでも好感をもって受け入れられた。

また、山田の軍歴で特異なのは、同期もしくは後輩から申し送られた職務に就くことが多かったことだ。参謀本部第八課長は同期の佐村益雄［山口、陸士一四期、工兵、陸大二五期〕、参謀本部第三部長は二期後輩の小畑敏四郎、同総務部長は同期の橋本虎之助、陸士校長は同期の末松茂治〔福岡、陸士一四期、歩兵、陸大二三期〕、第一二師団長は同期の清水喜重〔愛媛、陸幼、陸士一四期、歩兵、陸大二三期〕、教育総監は同期の西尾寿造〔鳥取、陸士一四期、歩兵、陸大二二期〕、関東軍総司令官は一期後輩の梅津美治郎、それぞれの後任となっている。同期の間のタライ回しや、期が戻る人事は好ましくないとはされているが、こうまでたび重なると山田という人は、なにかしてやらねばと人に思わせる人徳があるというイメージが定着する。

そして山田にとって、大将への最後の追い込みとなる。昭和十三年十二月、関東軍の第三軍司令官だった山田は、参謀本部付の異動内示を受けた。「付」となれば次は「待命」、続いて予備役編入となるのが通例だ。これを知った同じく騎兵科出身で上司の関東軍司令官の植田謙吉〔大阪、陸士一〇期、騎兵、陸大二一期〕は、わざわざ「山田を現役に止めるよう特に配慮願いたし」と陸相の板垣征四郎〔岩手、仙台幼年、陸士一六期、歩兵、陸大二八期〕に打電した。もちろん当局には山田を予備役に編入する意図はなく、畑俊六の後任の中支那派遣軍司令官に充てた。

昭和十四年十月、山田は教育総監に就任、翌年八月に大将に進んだ。大将レースというと、陸大恩賜の軍刀組で一選抜で走ってきたものによるとのイメージがあるが、山田のようなケースもあったのだ。そして昭和十九年七月まで三長官の一人として重責を担ったが、常に東條英機寄りの立場にあり、三長官会議を意味あるものにしなかったと批判されている。それは大きな問題にしろ、彼のように恬淡とした大将もいたことは記憶されてもよいだろう。

◆最後の決め手は「運、鈍、根」

終戦を迎える昭和二十年八月、陸軍は六四〇万人、海軍は一八六万人（共に軍属を含む）にまで膨張していた。しかし、大将の数は限られており、応召を含めて陸軍大将は二五人、海軍大将は一〇人に止まった。日本陸海軍は大将厳選主義を採っており、その数を絞れば絞るほど権威が高まるという考え方だった。支那事変が始まって戦時体制に入ると、大将を増員しようとの声も上がったが、そう主張していた者も自分が大将になると一転して大将厳選主義を唱えるようになる。

大将に進級するには、中将を六年以上勤めて、その間に枢要な職務に就くという陸海軍共通の内規があった。東條英機は中将在任四年一一カ月だったが、首相に就任したため、特例として大将に進級した。

中将で枢要な職務とはなにかだが、海軍では海軍次官、軍令部次長、艦政本部長、航空本部長が主なものとされていた。海兵三二期の山本五十六は、航空本部長と海軍次官を勤め上げて大将を確実なものとして連合艦隊司令長官に転出している。最後の海軍大将となった井上成美［宮城、海兵三七期、航海、海大甲二二期］は、中将に進級して航空本部長、第四艦隊司令長官、海兵校長、そして海軍次官と歩いて大将に進んだ。

陸軍の場合、まず陸軍三次長（陸軍次官、参謀次長、教育総監部本部長）が枢要な中将のポストだ。もちろん、親補職の師団長も枢要なポストだが、これには一等師団とその他という区別がある。政経中枢部にあり、管理する部隊が多い師団が一等とされ、近衛師団、第一師団、第三師団（名古屋）、第一二師団（久留米）がこれだ。また京阪神に衛戍し大阪工廠を抱える第四師団（大阪）も一等師団とされていた。この一等師団長になれば、すぐにも大将へのパスポートが渡される。ところが、その他の師団長はすぐにというわけにはいかず、さらに一等師団の師団長となることが求められていた。

定年満限の六五歳まで参謀総長を務めた陸士一期の鈴木荘六ですら、まず第五師団長（広島）、次いで第四師団長さらに台湾軍司令官を勤め上げ、朝鮮軍司令官に転出する際、ようやく大将に進級している。九期の真崎甚三郎は、まず第八師団長（弘前）、次いで第一師団長、さらに台湾軍司令官、参謀次長、そして軍事参議官に下がった時にようやく大将だ。

寺内寿一［山口、陸士一一期、歩兵、陸大二一期］は、中将に進級して関東軍の独立守備隊司令官（公主嶺）に就任した。本人は「師団長をやってみたいものだ」と周囲に漏らしていたそうだが、長州閥に対する風当たりが強くなっていた頃でもあり、ここが最後と覚悟していた。人事当局としても元帥府に列した元老、寺内正毅［草創期、歩兵］の御曹司をここで予備役に編入するわけにもいかず、たまたま空いた第五師団長とした。そして第四師団長に

堀丈夫

香月清司

栄転となるが、本人は他人事のように「最近の人事はおかしいのではないか」と語っていたという。そして彼も台湾軍司令官の時に大将に進んでいる。

中将に進んで最終コーナーを回ったところで、最後にこなさなければならない枢要なポストが空いていないということがしばしば起こる。一選抜しかもそのまた先頭グループで走り抜けてきたエリートには、それなりのポストが用意されているだろうが、それでも突発事態ですべてふいになる場合もある。そんな例の一つが昭和十一年の二・二六事件だ。反乱部隊を出した近衛師団長の橋本虎之助、第一師団長の堀丈夫［奈良、陸幼、陸士一三期、騎兵、航空転科］は直ちに更迭、予備役編入となった。共に在任四カ月だったから、単にポストが空いたではすまない。

早急にこの一等師団長二人を埋めなければならず、応急的な人事にならざるをえない。近衛師団長は香月清司〔佐賀、陸幼、陸士一四期、歩兵、陸大二四期〕、西尾寿造と陸士一四期が続いた。第一師団長は河村恭輔〔山口、陸士一五期、砲兵、陸大二七期〕に飛んだ。これで当面、一等師団長二人が埋まったが、本来ならば一年ほど後にこのポストに入る者がポスト待ちとなったり、不本意な職務に就かざるをえなくなった。この影響は少なくとも陸士一四期から一七期にまで及んでいる。

ポスト待ちをしている間にも、同期や後輩が迫って来て競争相手が増える。期別の人事管理を行なっているから、先任だといっても優先的に良いポストが回ってくるとは限らない。海軍は比較的長期にわたる計画人事を行なっていたから、最終コーナーを回ってから、しかるべきポストがないということはないように思われようが、突発事態となれば陸軍と同じことになる。むしろ計画人事で柔軟性に欠けている海軍の方が対応しにくいだろう。

このようなことは、大将街道の最終コーナーだけで起こることではなく、抜擢人事が始まる大尉から少佐への最初のコーナーでも起きていたことだ。その原因の多くは病気などの突発事態だが、それは人知の及ぶことではなく、偶然が支配する世界のことだから、「運」の問題で「運否天賦」ということになる。そこで、いくら才能に恵まれている人でも、「大将になりたいと思っても、なれるものではない」と語るほかないことになる。

さて、「運」となれば、この東洋では「鈍、根」と続く。ここでいう「鈍」とは、鈍才や鈍いの意ではなく、「細事に拘泥せず神経が太い」こととしておこう。「根」はもちろん根気の良いことだ。この「鈍」と「根」の人生を重ね、ついには「運」まで引き寄せ、位人臣を極めた例は多い。

このような「鈍、根」のタイプで大将にまで上り詰めた人はと見ると、なぜか中国通いわゆる「支那屋」に多い。陸士一六期の三大将、岡村寧次、土肥原賢二〔岡山、仙台幼年、陸士一六期、歩兵、陸大二四期〕、板垣征四郎がその代表で、喜多誠一〔滋賀、陸士一九期、歩兵、陸大三一期〕もそんな大将の一人だ。海軍では米内光政、及川古志郎を中国通としてよいだろうし、「鈍、根」のタイプだ。

その人の持って生まれた性格なのか、中国を研究し、中国人と交わって学んだのか、それとも気取って見せていたのか、中国通として知られる人の多くは、中国の「大人」という雰囲気を漂わせていた。茫洋としていて、清濁併せ呑み、多くを部下に任せるタイプだ。日本ではこういう人は部下から好まれるが、現代の軍隊を管理、運営する将師がそれで良かったのかとの疑問があってしかるべきだ。「運、鈍、根」だけを旨として来た者をトップに据えた人事が問題だった場合も多かったはずだ。

第四章　人事部局と進級・補職の施策

◆モンロー主義を貫ける部局

孤立的という意味でのモンロー主義を採る部署といえば、参謀本部第一部の第二課、軍令部第一部の第一課となろう。この両作戦課は、最高度の作戦計画を扱う部署なのだから、軍事機密の塊のようなところで、孤高の存在となるのは無理からぬことだ。それも程度の問題で、少しはほかの部局と交流してもよいはずだが、そんな素振りすら見せないタイプが作戦課には多い。そういう人でなければ、作戦課は採らないし、勤まらないということのようだった。

特別大演習の想定に味付けをしたいから、年度作戦計画のごく一部を閲覧したいと申し込んでも、「君のところの課長と相談してから出直してこい」と冷たくあしらわれるのがオチだ。中央官衙に勤務する天保銭組ともなれば、より高度な作戦計画というものは、案外と常識的な線に収まっていることを知っているから、「なにをもったい付けて……」と作戦課の部員に反感を募らせる。

しかし作戦課といえども、そんなモンロー主義の姿勢を貫くことはできない。白紙に絵図を自由に描いているうちはよいが、それを形にするとなると独力ではどうにもならない。部隊や兵力の問題が絡めば、参謀本部では総務部第一課（編制動員課）、軍令部では第二部第三課（動員課）と連帯しなければ、話が前に進まない。そして予算となれば、陸軍省軍務局軍事課、海軍省軍務局第一課（軍事課）と連帯しなければならない。天下の作戦課と大きく出ても、孤高の存在ではやっていけないわけだ。

ところが人事に関わる部局は、モンロー主義を貫き、どことも連帯することなく施策を進めることができる。これが人事部局の特性で、良い方向、悪い方向の双方に働くから厄介なことになる。

人事部局は作戦部署と同様、機密保全が強く求められる。正式な人事発令の前にそれが漏れたならば、とんでもない事態になるだろう。陳情、場合によっては強請から恐喝までが人事部局に殺到しかねない。当の本人は、自分の希望を申し立てることはできないが、その人の上司は統率行為の重要な一つとして、意見を述べることが許される。誰もが部下のためと称して、人事にあれこれ注文を付ければ、内示の段階で人事部局の業務がストップしかねない。

そこで、最後の最後まで人事案は秘密にしておく。この点で徹底していたのは海軍で、人事関連については「人秘」という秘匿区分を設けて軍事機密扱いしていた。陸軍はそこまでやっていなかったが、人事部局の者の口は堅いとされていた。昭和十九年夏頃、補任課はなんと課長以下九人だった。老練な属官がこれと同数以上いたにせよ、極端に人員を絞っていたことがわかる。これは機密保全のためであって、人の口には戸を立てられないが、口の数は減らせるという考え方で、中央官衙はおおむねこれに沿っていた。

ヒトとは社会的な動物とされるが、重大な秘密を抱えれば閉鎖的になり、社会的な活動を自ら差し控えるようになる。周囲もそれを知っているから、必要以上の付き合いを避ける。たまに上京したから、親しい同期と会おうと思っても、それが人事部局にいるとなると、会わない方がお互いのためということになる。こうして人事部局に勤務していると、個人的にもモンロー主義となり、それが行き過ぎると唯我独尊に陥りかねない。

人事部局が組織としてモンロー主義を貫けた理由は、人事にはほとんど予算措置を必要としないことにあった。進級すれば昇給するが、各国では中佐から大佐、大佐から将官に進級すれば給与は大幅に昇給する。ところが日本の陸海軍は渋く、中佐から大佐に進級しても当初は昇給しない。少将に進級しても年額五六〇円の昇給に過ぎない（昭和十四年～十七年）。そのほか人事にかかる経費となれば、異動の際の旅費ぐらいのものだ。ようするに陸海軍の予算を握る軍務局の軍事課や第一課と連帯する必要はなく、誰にも頭を下げる必要はないことになる。

陸海軍の人事部局の構成と担任業務は次のようになっていた（昭和二十年八月現在）。

◇陸軍省人事局
・補任課＝武官・文官の進退、任免、増俸、諸名簿
・恩賞課＝恩給、叙位、叙勲、共済組合
◇海軍省人事局
・第一課＝将校補充、任免、進退
・第二課＝恩賞、点呼
・第三課＝戦時充員、徴募
・第四課＝勤労需給調整、徴用

この頃の補任課の課員は課長以下六人、課付は二三人、部員は一人、部付は四人だった。これで全将校二五万人を管理していたとは信じられない。海軍は全士官六万七〇〇〇人だったが、第一課の態勢は陸軍とほぼ同じだったとされる。

この組織は陸海軍共に明治三十三年五月、大臣官房から総務局と人事局とが生まれてからのものだ。それまでの人事は、大臣官房の人事課が扱っていた。山本権兵衛が官房主事として辣腕を振るい、「大佐大臣」といわれていた頃だ。

陸軍では昭和十一年八月、それまで軍務局にあった徴募局が人事局に移ってきたが、十四

年一月に兵務局兵備課となって終戦に至っている。陸軍ではそのほか大きな変化はない。海軍では、第三課と第四課が昭和十九年から二十年にかけて新設されたが、これは国家総動員法に対応するためのもので、ここでいう人事とはあまり関係はない。

海軍では尉官から佐官までの人事は、一括して人事局第一課が所掌していた。将官人事は海相と人事局長との直接折衝によっていた。このどちらも最終決定は、海相を議長とし、海軍軍令部長（軍令部総長）、各鎮守府や艦隊の司令長官などからなる将官会議で審議の上、決定される。この制度は多くの国の海軍で採用されており、人事に強く求められる公平さ、客観性を担保するものとされている。

この制度による人事は、多くの権威ある将官による合議決定だから、そこに重みが生まれ、黙って受け入れるものだという意識が高まる。また、合議制によるものだから個人の恣意が入りにくく、そこに公平さが生まれる。そして会議の決定だから、後から横槍を入れただけでは決定が覆ることはなく、どうしてもとなれば再度会議を開くこととなる。そうなると不満に思っている者が明らかになるので、そんな無謀なことをする人はまずいない。

さらに海軍は、独特なハンモック・ナンバーによる秩序正しい系統立った人事を行なっていた。海兵の卒業序列のおおむね上位一割については、このポストの次はここという長期にわたる計画人事が行なわれていた。しかも、その一人ひとりに人事担当者が決められており、担当者が異動するたびに後任者に申し送っていた。これが海軍でいう計画人事であり、クラス・ヘッドを重んじる秩序正しい人事は、多くの構成員に受け入れられていた。しかも、海兵出身者は大過なければ大佐を保証するという恩情人事も不満の声を抑えていた。

一方、陸軍の兵科将校人事は海軍と比べて人員数が三倍以上と多い上に入り組んでおり、どこにも不満の種がひそんでいた。中央部の協定によれば、陸軍将校の人事は三長官の協議決定によるものとされていた。もちろん平時でも三万人を越える現役将校の人事を三長官で扱うことは無理で、三長官が扱うのは将官人事だけとされていた。佐官、尉官は官吏任命形式に則って、奏任官として師団長などの所管長官の上申に基づいて陸相が決裁して奏薦、勅裁を経て任命する形を採っていた。

では、師団ではどこの部署が人事を扱っていたのか。古くは慣例として高級副官が所掌していた。ところが大正に入った頃から、「人事は統帥の根本」と強調されるようになり、これを軍政系から軍令系に移すこととなった。すなわち師団参謀の所掌としたわけだ。通例、師団には参謀長、作戦参謀、後方参謀の参謀飾緒を吊った三人がいる。しかし、陸大では人事管理に関する教育をしていないから、人事とはなにかを知らないし、年季稼ぎの腰掛け勤務ばかりで部隊の内情にも暗い。そこで部隊に明るい高級副官に以前のように丸投げとなるのが実情だったようだ。

同期の間で天保銭組が出揃い、また中隊長を終え、後述する進級抜擢が始まる頃から、各部局は早く優秀な人材を確保しようと動く。その部署は、参謀本部と教育総監部では庶務課、各学校では幹事、関東軍司令部などでは参謀部などだ。こうなると中央で全体を統制し、交通整理をしなければならなくなるが、それに当たるのが人事局補任課だ。

ここ補任課は、モンロー主義の権化のようなところだった。まず、課長以下全員が歩兵科で、騎兵、砲兵、工兵、輜重兵の特科の人事も扱っているのに、特科の者は一切締め出していた。なぜそんなことをするのかと問えば、特科には特科の者だけで構成する各兵監部があり、そこが人事について意見を表明できるが、歩兵科には兵監部がないので、補任課は歩兵科で固めることとなったという。では、なぜ歩兵科には兵監部がないのかと問えば、「軍の主兵だからだ」という答えが返ってくる。さらに言えば、兵科というものは、歩兵科と歩兵科以外しかないという話になる。

補任課はほとんど全員が幼年学校出身者だったことも広く知られていた。どうしてそうなったかと思えば、中学出身者は秘密が守れないからだと説明される。幼年学校出身者は、先輩、同期、後輩の関係が緊密で、上下、左右が一体となっているから秘密が守られるのだそうだ。中学出身者はそういった関係に縛られていないから、秘密が守れないのだと説明されても、部外者としてはよくわからない理屈だとするほかない。ここまで閉鎖的な部署となると、モンロー主義というだけでは説明が付かなくなる。

◆軍籍台帳と首切り閻魔帳

陸軍では「停年名簿」（陸軍現役将校同相当官実役停年名簿）、海軍では「士官名簿」（海軍現役士官名簿）が毎年、調製されていた。この名簿は期別ではなく、階級別となっており、階級毎に列次を付けて並べている。これが軍隊での戸籍であり、人事を行なう上での基本台帳でもある。この名簿には、次のような機能もある。ある指揮官が死傷して指揮権を行使できなくなった場合、すぐさま誰かがその指揮権を承行しなければならないが、誰が次級者として承行するかは、この列次の付いた名簿をくればすぐわかる。

この名簿は調製された年によって内容が多少異なっているそうだが、ここでは最後のものになる昭和十九年九月一日調の「停年名簿」で見ていきたい。これは約三五万人収録の大冊で、各階級毎の分冊となっている。

各人毎に記載されている事項は、現官実役停年、現官・前官・初任の任官年月日、職名・命課年月日、特業・特技、兵種、位階勲功、列次、出身府県（本籍地）、氏名、生年月日、出身期の順の縦書きとなっている。なお、この名簿は支那事変が始まり戦時体制になる前までは、陸軍の偕行社、海軍の水交社で販売されており、関係者の紹介さえあれば民間人でも購入できた。

現官実役停年とは、現在の階級に止まって何年経過したか年数で記載する。これがこの名簿で最も重要なところで、そこから「停年名簿」と呼ばれるようになった。昭和十九年調製の大佐の名簿には、実役停年六年六カ月の者が陸士二三期で二人、二四期で一人の計三人で、これが現役にある大佐の最先任者となる。この三人は、昭和十三年三月に大佐進級だった。最後任は昭和十九年八月一日に大佐に進級、実役停年一カ月の者で、陸士二七期から三八期まで計約二九〇人となる。これで現役の大佐は約一七五〇人となっていた。

特業・特技については、野砲兵学校高等科修了、歩兵学校通信課程修了といった経歴が主になる。天保銭組の多くは陸大修了だけの記載になる。

位階は栄典の一つで、一位から八位に区分され、それぞれに「正」と「従」とがある。少尉に任官すると正八位、中尉に進んで従七位、順次に大将で正三位となる。勲功は授章した金鵄勲章の等級で示される。終戦時、臣下の者で功一級の生存者は、陸軍で寺内寿一、杉山元、畑俊六、海軍で米内光政、長谷川清［福井、海兵三一期、水雷、海大甲一二期］、及川古志郎の六人だった。

長谷川清

寺内寿一

出身期についてだが大佐以上は全員、士候（士官候補生）何期と示される。大正九年から少尉候補者制度が始まったため、昭和十九年の停年名簿では中佐以下に「少候」何期と記載された者が加わる。さらに尉官には、昭和八年から始まった予備少尉が志願して現役将校に任官する特別志願制度による者が加わり、これは陸士の相当期に「准」を付けて、何期准と表記していた。

少尉に任官すると、おおむね陸士や海兵の卒業序列のまま、この停年名簿や士官名簿の少尉の項の末尾に載せられる。そしてその時から列次に変化が始まる。減点主義が支配する世界だから、ちょっとした素行上の不始末でも履歴に傷が付き、翌年の名簿では列次は下がることとなる。その一方、連合艦隊の短艇競漕でクルーを指揮して優勝などすれば、オールを握っていたわけでもないが、それも実績となり列次は上がり、翌年の名簿を見るのが楽しみとなる。

ここからすでに人事のむずかしさが顕在化している。ある人の列次が下がった場合、それでマイナスの影響を受けるのは当人だけだ。もといた列次から下がった列次までの間にいた人は自動的に列次が一つ上がり、下がってきた列次以下の者には影響が及ばない。逆にある人の列次が上がった場合はどうなるのか。指揮権の承行を決めるというこの名簿の性格上、同じ列次として並列させることはできない。そこで列次が上がる人がもといた列次から新しい列次までに並んでいた者は、なんの落ち度もないのに列次が一つ下がることになる。下がった者にとっては、なんとも理不尽な話となる。

年を追うに従って、この列次の変化は激しくなる。まず、次に述べる陸軍の考科表、海軍の考課表が集まってまとまり、それによる評価、評定がこの名簿の列次に反映されるようになるからだ。そして天保銭組が一旦は部隊に帰ってくるので、列次もそれによっても変化する。この名簿の列次と天保銭組、無天組は関係が薄いように思うが、誰にも陸大合格のご苦労賃という気持ちはあるだろうし、陸大の権威を認め、それを具体的な形で示すのが大事となる。そもそもこの名簿を調製しているのは天保銭組なのだ。そして早く天保銭組を進級させて、中央官衙などに送り出さなければならない。

そして後述することになるが、主に大尉から少佐へ進む際から進級抜擢が始まる。そうなると各期毎の秩序が崩れ出す。例えば昭和十九年調製の停年名簿を見ると、陸士三八期の大佐進級一選抜は八人だが、それは三七期の大佐の後ろに並んでいるわけではなく、各期が入り乱れている。また、中佐以下の三八期はどう並んでいるのか、よほど細かく調べなければわからない。しかし、ある期の一選抜は、前の期の一選抜を追い抜かないという原則がある。従って各期の一選抜は、期別に整然と並んでいることになる。

陸軍、海軍を問わず、少尉に任官すれば実施学校、術科学校に入校中のほかは、暗記もの主体の試験から解放され、さて羽でも伸ばそうかと思えば、今度は上司の監督、勤務評定を受ける身となる。一般社会と違って絶対的な階級というものがあるのだから、「凄まじきものは宮仕え」の典型が軍人の社会となる。そして監督、管理、評定の結果として調製されるものが、陸軍では「考科表」、海軍では「考課表」だ。同じ機能なのに、陸軍では「高射砲」、海軍では「高角砲」というように、陸軍と海軍の対抗意識には笑いがこみ上げてくる。

ここに記載される内容は、勤務から家庭の状況に至るまで、さらには交友関係、嗜好、将来性にまで及ぶ。現役将校が結婚する際には、陸相や海相に許可願いを提出しなければならない世界だから、調査などは徹底している。そもそも昨今のような個人情報の保護など念頭になく、パワハラもむしろ推奨されかねない時代のことだから、考科表、考課表は書きたい放題になりかねない。これが毎年一回、また本人や上司が転出する際にも調製され、人事に直結する閻魔帳として恐れられていた。

これを誰が調製するかだが、連隊ならば副官が資料をまとめ、連隊長が調製するのが本則だが、部隊の実情に明るい副官に丸投げという場合も少なくなかったようだ。海軍では艦長と副長のコンビだ。連隊長や独立大隊長のものは、師団長と高級副官が調製に当たる。とかく副官は敬遠される存在となるが、その理由の一つにこの閻魔帳の調製に関わっていることが上げられる。陸大や海大、各実施学校や術科学校の教官、学生のものは学校長、中央官衙の課員、部員のものは各課長、局長、部長が調製することとなっていた。

陸軍と海軍とでは、この勤務評定の扱いが異なっていた。海軍では考課表が調製されると一括して海軍大臣に進達され、海軍省人事局に保管するので、各艦艇や部隊には残らない。

一方陸軍では、原本は部隊に保管され、副本が陸軍大臣に進達され、陸軍省人事局に保管される。さらに副本の「写」が調製され、参謀適格者のものは参謀本部へ、歩兵科以外の者のものは教育総監部の各兵監に送られる。

このような仕組みだから、海軍では前任者が調製した考課表を見ることはできない。そのため、旧悪をいつまでも追及されることはないが、白紙の上に書くのだから、まったく別人のような考課表になる場合もある。そこで海軍の人事当局は、この四年分をまとめて参考にしていた。

陸軍の場合、少尉任官から毎年連続して補備訂正を加えていく。そこで前科はいつまでも残り、話の筋が混乱した怪奇小説のようなものになり、とても勤務評定といえる代物ではなくなるケースも多い。また、連隊などに正本が残っているので、そこで以前勤務した者は、なるべくそこの連隊長には充てないように配慮していた。自分の考科表を見て感情問題に発展しかねないからだ。

ともあれ、考科表、考課表を参考にして人事を進めているのだから、これを「昇進首切り閻魔帳」と恐れられたし、「悪く書くぞ」とほのめかして部下の統御に使う厭味な人もいたはずだ。この閻魔帳は終戦時にほとんど全部焼却された模様で、現物を見たことがない。伝えられるところによれば、ほとんどが波風の立たない常識的な線に収まっていたそうだ。なかには「前年通り」と大書して一行で済ます豪傑もおり、副官が調製したものに署名をしただけのことと公言する人もいたという。

また陸軍の場合、兵科によって考科表に微妙な違いがあった。工兵科はいつの頃からか、決して部下を低く評価しないと広く知られていた。騎兵科も部下を引き立ててやろうという美風が定着していたとされる。ともに小さな所帯だから、今度いつどこで顔を合わせるかわからないので、こういった思潮になるのだろう。海軍には兵科はなかったが、砲術屋、水雷屋、航海屋というマークはあった。艦長と副長がそろって砲術屋となれば、水雷屋は割りを食うかと思えるが、一蓮托生の海の上の話だからそんなこともなかったようだ。

もちろん、考科表に本当のことを書いてどこが悪いかという硬骨漢もいる。こんな低俗、無能な輩は早々にわが将校団から放逐すべきだと怪気炎を上げてしまうと、火の粉はその人にも降り掛かってくる。そんな不行き届きの者をなぜ今まで放置していたのか、早くに処分するなどして善導していれば、ここまで悪化するはずはないとやられてしまう。

さらには考科表を書いた本人ばかりか、前任者、そのまた前任者までが炎上しかねない。そこで実情を赤裸々に書き連ねて信念を貫きたいところだが、自分一人だけの問題ではないとなれば、グッと一言飲み込むこととなる。諸先輩に迷惑を掛けるわけにもいかないし、連隊長を無事にクリアーすれば将官がぶら下がっているとなれば、蛮勇を振るって自己満足に浸っている場合ではない。そこで無難な考科表を書くということになる。

このような事なかれ主義の下で調製された勤務評定なのだから、組織に害毒を流す問題児をつまみ出すことはあまり望めない。しかし、若い頃から老成していたり、単に人が良いというだけでは、戦争の役には立たないというのも一つの見解だから、少なくとも尉官の時代は、考科表がどうであれ同期同時進級でよいのだろう。

◆厳しい進級の実態

一般社会では、入社・入省から定年退職・退官までがその人の社会活動の区切りとなるが、陸海軍ではこの定年を「現役定限」と称していた。その年齢は階級によって定まっており、明治四十四年十二月の勅令で定められたものが終戦まで適用され、次のようになっていた（上段陸軍／下段海軍）。

◇大将＝六五歳／六五歳、中将＝六二歳／六二歳、少将＝五八歳／五八歳、大佐＝五五歳／五四歳、中佐＝五三歳／五〇歳、少佐＝五〇歳／四七歳、大尉＝四八歳／四五歳、中尉＝四五歳／四〇歳

海軍では肉体的に厳しい艦艇勤務を考慮して、佐官と尉官は陸軍よりも早く転役（現役から予備役への編入）させていたが、陸海軍ともに「若い、若すぎる」という印象を受けるだろう。これには、戦前の日本は今日のような長寿社会ではなかったという背景がある。昭和

初期、軍人恩給の受給者の平均寿命は四六歳だったのだから、大佐の現役定限年齢五五歳、五四歳はもう老境といってよい年齢だった。なお、軍人恩給は准士官以上で勤続一三年、下士官以下で一二年勤続で受給資格が生まれた。

この現役定限年齢とは、ここまで現役として勤務できる、勤務しなければならないという定めではなく、この年齢まで勤務させてもよいというものだった。そのため大多数の者は、この年齢に達する前に現役を去って予備役に入る。武装集団は若さが求められるということだが、実際の切実な問題もあった。高級将校になれば公式行事に騎乗で臨む機会が多くなる。天皇陛下が臨場する場で落馬などすれば、進退伺いを提出する騒ぎになるので、より若い人をとなる。

長期政権で知られた宇垣一成陸相ですら、現役定限年齢を三年残して転役、朝鮮総督に就任した。宇垣と陸士同期の鈴木荘六は、大将の現役定限年齢満期の六五歳まで参謀総長だったが、これは非常に珍しいケースだ。上原勇作は六七歳まで参謀総長を務めたが、彼は大正十年四月に元帥府に列して終身現役となっていたため可能だった。上原は住所から「大森の雷親爺」として知られて敬遠されていたが、晩年まで乗馬に励む彼の姿は、多くの人が好ましいことと眺めていたという。

予備役に編入されると、その時の階級の現役定限年齢に六歳を加えた年の年度末（三月三十一日）まで予備役を務める。それまでは、将官でも召集される可能性がある。戦後、東京裁判で南京事件の責任を追及され、A級戦犯として処刑された松井石根は、大将で昭和十年八月に五七歳で転役したが、支那事変となって昭和十二年八月に応召し、上海派遣軍司令官、次いで中支那方面軍司令官を務め、十三年三月に復員している。召集されていなければ、松井はA級戦犯にはならずに済んだことになる。

人事管理上、「現役定限」よりも重要になるのが「実役停年」だ。これは進級するために必要な最少勤務年限のことだ。従って上がりとなる大将には実役停年はなく、海軍では中将にもこの定めはなかった。この年数は、明治当初からほとんど変わらず終戦に至っており、中尉は陸軍が二年、海軍が一年半、ほかは陸海軍共通で次のようになっていた。

◇中将＝四年／　、少将＝三年、大佐＝二年、中佐＝二年、少佐＝二年、大尉＝四年、少尉＝一年

実役停年が過ぎても、進級の資格が生まれただけで、すぐに進級というわけにはいかない。もちろん、実役停年が過ぎて即進級する「初停年の進級」がないわけではない。皇族がこの対象とされた場合もあり、また早急に航空部隊の陣容を強化するということで、航空兵科をその対象とした時期もあった。

昭和十三年二月から秩父宮雍仁は大本営に勤務していたが、激務続きで健康を害していた。

そこでちょうど中佐の実役停年二年に達したので、大佐に進級の上、歩兵第三八連隊長（奈良）に転出という人事が考えられ、内奏も済ませていた。ところがこれを知った秩父宮は、「自分は航空科ではないので、初定年の進級の対象ではない。内奏が済んでいるのならば、やり直してくれ」と強く求めた。臣下の者と同じ扱いを常に望んでいた秩父宮らしいエピソードとして広く語られてきた。

では、ある階級で何年勤務すれば実際に進級できるのか。それは平時と戦時、時代によっても大きく異なる。ここでは一つの目安として、平時において少尉任官から少将進級一選抜（同期の先頭グループ）だった石原莞爾を先頭とする陸士二一期生（明治四十二年十二月、少尉任官）、原清［佐賀、海兵三八期、航海、海大甲二一期］を先頭とする海兵三八期生（明治四十四年十二月、少尉任官）を見てみよう（上段陸軍／下段海軍）。

◇少尉＝三年三カ月／一年三カ月、中尉＝六年七カ月／三年四カ月、大尉＝五年一カ月／六年七カ月、少佐＝三年八カ月／四年一カ月、中佐＝四年一カ月／三年一カ月、大佐＝四年七カ月／三年六カ月、少将＝一年九カ月／六年七カ月

平時における進級は、なんとも遅いものだったが、これでも一選抜を走り抜けてきた人の経歴なのだから、ごく平凡な軍歴の人はさらなる我慢を重ねていた。「桃、栗三年、柿八年、

ヤットコ大尉は「一三年」とは単なる軍隊小話ではなかったのだ。

特に深刻な問題となったのは、佐官の進級が滞っていたことで、それは昇給しないことを意味するからだ。旧陸海軍の給与体系は、現在の自衛隊のように毎年号俸が一つずつ上がり、これと進級による昇給とが組合わさったものではなかった。特に当時の佐官の俸給は、階級と固着していた。

明治三十二年七月に改定された給与制度では、各佐官にはそれぞれ一等と二等、大尉には一等から三等、中尉には一等と二等を設ける等級俸給制となっていた。ところが日露戦争後の緊縮財政のあおりを受けて、佐官の等級俸給制が廃止され、進級しなければ昇給しないことになってしまった。佐官となれば、子弟の教育費など経済的な負担が増す頃だ。それなのに昇級は数年も待てとは酷なことだ。当局もこの給与体系の是正は考えてはいたが、予算がからむことだから軍だけでは解決できず、なかなか改善されなかった。

昭和十一年の二・二六事件、また同年に策定された「軍備充実計画の大綱」などと関係があったのだろうが、翌十二年六月に給与制度が改正され、佐官の等級俸制が復活した。大東亜戦争開戦頃の将校俸給年額は次のようになっていた。なお、一等兵、二等兵の手当は月額五円五〇銭だった。

◇大将＝六六〇〇円、中将＝五八〇〇円、少将＝五〇〇〇円

◇大佐＝一等四四四〇円、二等四〇八〇円、三等三七二〇円
◇中佐＝一等三七二〇円、二等三三六〇円、三等三〇〇〇円、四等二六四〇円
◇少佐＝一等二六四〇円、二等二四〇〇円、三等二二二〇円、四等二〇四〇円
◇大尉＝一等一八六〇円、二等一六五〇円、三等一四七〇円
◇中尉＝一等一一三〇円、二等一〇二〇円
◇少尉＝八五〇円

この給与額は社会一般でどのくらいのレベルにあったのか。昭和十二年当時で見ると一流会社の部長クラスの月収で四〇〇円、盆と暮のボーナスがあって年収八〇〇〇円程度だったとされる。一般社員では月収六〇円、ボーナス込みで年収一〇〇〇円といったところだ。将官ともなれば、それなりに恵まれていたように見えるが、実情はなかなか苦しかったようだ。退役後、陸海軍ともに広島に移り住む将官が多かったが、広島は物価が安いということがその理由だったというのだから、なんとも侘しいものだった。

功なり名を遂げた将官でもこの程度の収入なのだから、下級将校の薄給は広く知られていた。悪童どもが市中で軍人を見かけると、「貧乏少尉、やりくり中尉、やっとこ大尉」と囃し立てたというのも本当のことだ。時代を追うに従い、官民格差は広がり、大阪あたりでは「乞食少尉、貧乏中尉、やりくり大尉、やっとこ少佐」にまで落ちぶれた。これが軍国日本

なるものの実態だったのだ。

◆健全な戦闘集団を生む進級抜擢制度

進級の制度には、大きく分けて先任順（停年順）と抜擢とがある。陸軍では建軍以来、長らく尉官は先任順と抜擢の併用、佐官は抜擢としていた。海軍は最初から抜擢だけとしており、陸軍も大正五年八月から原則として抜擢だけとした。

しかし、少尉から中尉への進級は、抜擢するかどうかを判断する資料が揃っていないため、終戦まで陸海軍ともに同期が同時に進級する先任順としていた。陸軍では、中尉から大尉への進級も先任順だったが、大正十一年からは同期の間で一年の差を設ける抜擢としたものの、昭和八年に先任順に戻った。さらに昭和十六年からは、大尉から少佐への進級も同期同時の先任順となって終戦に至っている。

海軍では大正九年から、中尉から大尉への進級は先任順だったが、大正十三年からは同期の間で一年の差を設ける抜擢とし、昭和五年以降は再び先任順に戻っている。大尉から少佐、またそれ以上の進級は最後まで抜擢としていた。

この進級抜擢は陸海軍ともに、大尉の誰と誰を少佐に進級させるという一本釣りではなく、停年名簿や士官名簿のこの期のここからここまでを進級させるというものだった。そのため各期に進級の後先によって一選抜、二選抜との区別が生まれる。この、どこまでで切るかを決定するのが陸軍では人事局補任課、海軍では人事局第一課となる。

どうしてこのような進級抜擢を行なうのかだが、組織を若返らせ、有為な者を早く部隊指揮官に補職し、かつより長くその職務に止まらせるためだ。軍隊の組織はピラミッド状が望ましく、階級が上がるにつれてポストが減ってこそ戦闘集団として健全だ。軍縮期の歩兵連隊には大尉の歩兵中隊長が九人いたが、少佐の歩兵大隊長は三人だ。同期を同時に少佐に進級させても、ポストがないことになる。そして、この戦術単位を任された大隊長を若返らせて部隊の活性化を図るには、進級抜擢制度を採るしかない。

また、天保銭組を早く少佐に進級させ、中央官衙の正式な課員、部員にするにも、進級抜擢を行なうしかない。なお、参謀本部は部課制だったが、公表されるのは部までで、課は機密扱いされていたため、課員としては人事発令されず、一律「部員」とされていた。防衛庁、防衛省はこれに習い、内局のシビリアンを部員と呼んでいる。

進級抜擢とは、具体的にどう行なわれるのか、昭和十年度の実例を見てみよう。この年度の進級抜擢の対象は、中佐から大佐は鈴木宗作を先頭とする陸士二四期生、少佐から中佐は白銀重二［山口、広島幼年、陸士二八期、歩兵、航空転科、陸大三六期］を先頭とする二八期生、大尉から少佐は西村敏雄を先頭とする三二期生だった。この時、昭和十年八月一日付で陸士二四期から大佐が一五人生まれ、これが二四期の一選抜となる。この時点で二三期の大佐は三選抜までの二八人だったから、二四期の一選抜は七〇〇人もの二三期生を階級で追い越し、さらに同期七〇〇人も追い抜いたことになる。

大佐からの進級は抜擢ではなく、先任順となっていた。部隊長を務めている大佐や将官が後輩に追い抜かれると面目の問題に発展し、部隊の指揮統率にも影響するとされていたためだ。しかし、戦時になると高級指揮官のリフレッシュこそが重要とされ、昭和十三年から将官も進級抜擢が行なわれるようになった。

そして終戦も間近い昭和二十年五月の人事で、陸士二〇期から三人の大将が生まれた。最先任の下村定の進級は当然だが、次位にあった第三航空軍司令官の木下敏［和歌山、大阪幼年、陸士二〇期、歩兵、航空転科、陸大二九期］を飛び越して吉本貞一［徳島、東京幼年、陸士二〇期、歩兵、陸大二八期］と木村兵太郎が大将に進んだ。まずいことに木村はビルマ方面軍司令官で、従軍看護婦まで置き去りにしてラングーンから空路で撤退したばかりの時だった。南方軍総司令官の寺内寿一はこの人事に激怒し、部下でもある木下の大将進級を強く求め、問題になりかけたがすぐに終戦となりうやむやとなった。

少尉、中尉の進級は先任順だが、将校団抜擢という制度があり、将校団の事情によっては、早めに進級させる場合があったが、この制度は昭和十六年に廃止されている。また、大尉以上には兵科別の定員枠があり、欠員が生じると補充のために進級が早まり、ほかの兵科の先任者を飛び越える場合が生じることもあったが、この制度は昭和十五年九月の兵科撤廃に伴いなくなった。

古賀峯一

牛島満

また、昭和十七年から遡及進級と特別進級の制度が設けられた。戦死や戦病死に当たって一階級進める場合もあった。硫黄島で玉砕した栗林忠道［長野、陸士二六期、騎兵、陸大三五期］、沖縄で自決した牛島満［鹿児島、熊本幼年、陸士二〇期、陸大二八期］の大将進級はこの遡及進級だ。山本五十六や古賀峯一［佐賀、海兵三四期、砲術、海大甲一五期］の場合、すでに大将だったから、元帥府に列することで遡及進級に代えたが、特別進級の意味もあった。

また抜群の功績、敵前での殊勲があった者には、二階級進級させるのが特別進級だ。アッツ島で玉砕した山崎保代［山梨、名古屋幼年、陸士二五期、歩兵］、加藤隼戦闘隊の加藤建夫［北海道、仙台幼年、陸士三六期、航空］、駆逐艦「大波」艦長の吉川潔［広島、海兵五〇期、水雷］、「桜花」の神雷特攻隊で戦死した野中五郎［岡山、海兵六一期、航空］らは、全軍布告の上この特別進級となった。

このように進級抜擢を行なっていたため、同期の間に階級の長径が生まれる。一選抜を走っている者が少将なのに、進級が遅れている者はまだ少佐というのも珍しくなかった。人事当局は陸海軍ともに階級の長役を二階級の差に止めようとしたが、とても無理だった。ある階級に一定の期間以上止まると自動的に転役（予備役総入）という厳しい階級定年制を採らない限り、この階級の長径は縮まらない。さらに戦時のインフレ人事は、この長径の広がりを加速させる。

戦時となって大量動員となり、多くの応召者が入ってくると、階級に関する混乱に拍車が掛かる。将官の応召者は師管区司令官や大学の配属将校などに回し、軍司令官より先輩の師団長、旅団長が生まれないようにしていた。海軍では現役、予備役を通して古参クラスの者は新参クラスの者の部下にはしない内規を設けて混乱を防止していた。

それでも先輩、後輩の大逆転劇が起きる。終戦時、室蘭にあった第八独立警備隊の司令官は、応召の大山梓少佐［東京、東京幼年、陸士二二期、歩兵］だった。彼は大山巌［鹿児島、草創期］の次男だが、近衛歩兵第三連隊付の時、昭和三年三月に少佐で依願予備役となり、学究生活に入った。終戦時、北海道から千島、樺太を統括していた第一〇方面軍司令官の樋口季一郎［兵庫、大阪幼年、陸士二一期、歩兵、陸大三〇期］は陸士二一期だったから、第一〇方面軍の全将校が大山の後輩となる。この例は極端にしろ、本土決戦準備の根こそぎ動員となると、階級による秩序が崩れ出したとしてよいだろう。

◆補職を巡る水面下のドラフト会議

進級抜擢でも停年名簿や士官名簿のこの期のここから、ここまでを一階級進級させるというものだから、ある程度は機械的にやれるといえよう。さらに先が見えてくると、進級よりも長く現役に止まれることを願う人が多くなる。早く進級するとポストがないため、転役が早まりかねないからだ。そんなことで人事当局としては、進級にそう神経を遣わなくてよくなる。

ところが補職となると、適材適所と強調され、かつ無能な者でもどうにか使わなければならない。それは統率の根本だとされるから、これをおざなりにすれば「統帥権の干犯」だという大仰な話にも発展しかねない。当時の陸海軍では、自分の補職について希望を表明する機会は与えられていないが、各部署、各部隊は天保銭組、無天組を問わず有能な人材の一本釣りを試みるから、この交通整理は難しいものとなる。

無天組で最優秀と目される歩兵科の大尉は、陸士生徒隊の中隊長に充てられるのが常だった。そんな一人に細見惟雄［長野、東京幼年、陸士二五期、歩兵］がいる。昭和七年の五・一五事件では、細見の中隊からも事件に加わった候補生を出したが、細見はこれといった責任を追及されることもない上、特別弁護人として軍法会議に出廷した。そこで細見は慷慨の気に満ちた弁論をして広く社会の話題にもなった。それから細見は戦車一筋に歩き、終戦時には関東平野に展開した戦車第一師団の師団長だった。

この細見の場合、歩兵第五〇連隊（松本）で中隊長を務め、歩兵学校教官、教育総監部副官と歩いた。これならば通常の異動だから容易に収まる。ところが、陸士の中隊長に引っ張るとなると、厄介な手順を踏まなければならない。陸士の人事当局が彼を中隊長に欲しいと一本釣りをしようとすると、陸士幹事を通して陸士などの補充学校を管理している教育総監部第一課と連帯する。その上で所属先と折衝し、その上で補任課と協議し決定する。

参謀本部第一課編制班の部員だった辻政信は、昭和九年八月の定期異動で陸士生徒隊中隊長に転出した。陸士首席、陸大三席の俊才が陸士生徒隊に舞い降りたのだから話題にもなる。一説によると当時、陸士幹事だった東條英機が皇道派の牙城とされていた陸士に一石を投じるため、古巣の参謀本部第一課から辻を貰い受けたとする。東條はこうした一本釣りを得意としていたことは事実だ。

また一説には、この人事は辻の自薦だとする。彼は閑院宮春仁［陸士三六期、騎兵、陸大四四期］と同期、陸大四三期で秩父宮雍仁と同期、そして陸士四八期に入校予定の三笠宮崇仁の中隊長となれば、海外駐在の機会を捨てても価値があると判断したからだとする人も多かった。いくら自薦しても無理だとは思うが、なんであれこのような異例の人事には事故が付き物だ。案の定というべきか、辻は候補生を使って軍内革新運動の実態を探り、皇道派の決起を探知、これを陸軍次官に直接報告した。これがいわゆる昭和九年の十一月事件とも士官学校事件ともいわれるものだ。決起計画は幻だったとされるが、その延長線上に二・二六事件があったのだから、考えさせられる出来事だった。

一本釣りの補職も歩兵科の場合は、すんなり収まる場合が多い。ところが特科となると、教育総監部の各兵監が介入し、また異動先もさまざまだから難航する。例えば騎兵科の場合、馬術の名手が欲しいと手を上げるのは、まず騎兵学校、馬術教官として陸士と陸大、各地の軍馬補充部、農林省馬政局、さらには儀式が多い侍従武官府だ。そして騎兵監が関与するから、歩兵科で固めている補任課はわけがわからなくなる。この点、兵科がない海軍の人事は簡明なものになる。

さて、問題となる天保銭組の人事だが、海大は海軍省が管轄する教育機関だから、海大甲卒業といっても人事措置は無天組と同じだ。ところが陸大は教育総監部ではなく、参謀本部が管轄しており、学校長以下教官、職員、そして学生までもが参謀総長に隷属する形となっていた。そのため陸大新卒者の配当に始まる参謀適格者の人事は、参謀本部総務部の庶務課が扱っていた。

もちろん、陸相には天保銭組の人事権を手放したという意識はない。特科の場合、教育総監部の各兵監も人事に介入するのは当然のことと認識している。天保銭の人事についても三長官が並列しているのだから、最初から紛糾の種を抱えている。

陸大の卒業成績とそれによって定められた序列は、その人の将来を定めるし、ひいては国軍の命運にも関わる問題だから、さまざまに語られてきた。古い時代には、馬術の成績で決まると噂されていた。事実、人数がごく限られている騎兵科の者が健闘している。また、陸大の成績というものは、思考能力や知識量ではなく、主に戦術教官との折り合いで決まるという意見も有力だった。そして教官の評価と学生同士の評価とはかなり異なり、長い目で見ると、陸士の場合と同じく、教官の評価は正鵠を射ていなかったと語られていた。

陸大の教育は、教官が想定を示し、学生が具体的な運用を回答し、それぞれについて教官が講評し、教官の原案を示して各人に点数を付ける。そして三年の時に行なわれる参謀演習旅行で成績が集大成される。これは三週間にも及ぶもので、体力検定も兼ねた苛酷なものだったという。この演習旅行での試問は、教官と学生の対話によって成り立っているので、教官との折り合いが大事になる。

たとえそれが正解であっても、執拗に自説にこだわると減点の対象となる。どう見ても奇抜な回答でも、それを認める教官ならば高得点、そうでない教官ならば落第点だ。そして最後にものをいうのは、どこの社会でも同じ「皆勤賞」だ。早くから陸大首席確実とされていた永田鉄山は陸大二三期の次席となったが、参謀演習旅行中に体調を崩して欠席したためと語られている。また、昼休みに囲碁、将棋に熱中しすぎて教室に駆け込むようなことがあまり目に付くと、これも減点の対象となる。

このようにして付けられた成績によって、大きく「甲乙丙」と三分される。恩賜の軍刀組の六人と恩賜の候補に上がった残念賞組の六人ほど、これが甲グループで全体の五分の一程度となり、海外駐在の切符が与えられ、将来の栄達がなかば保証される。しかし、中途で脱落する者が多いのもこの甲グループだったことは考えさせられるものがある。

続く乙グループだが、全体の五分の三と多く、「松竹梅」に細分できよう。この松組は戦術や戦史に光るところがあり、意外とここから多くの将官が生まれる。竹組は師団参謀などに出して磨けばものになる可能性がある者だ。そして梅組は陸士や各実施学校に配置して様子を見る。そして間違って陸大に迷い込んで来たとしか思えない丙グループ、最初からの「サビ天」だ。どうにも使いようがないが、陸大を卒業させてしまった以上、使い道を探さなければならず、人事当局者の頭痛の種となる。

陸大卒業時、成績による序列のほかに考科表も調製される。そこには、この学生はどの分野に向いているかが記載されている。語学が堪能だから参謀本部二部系統、作戦眼に冴えがあるので一部系統、能力のバランスが良いから軍務局向きと様々だ。ところが、考科表に示された職務に就いた人は、ほとんどいなかったというのだから不思議なことだ。さらには菊池慎之助［茨城、陸士旧一一期、歩兵、陸大一一期］のように、「いかなる参謀職に適せず」と酷評されたが、大将にまで進んでいるのだから、陸大教官の人を見る目は節穴だったとなる。

陸大で調製された人事資料は、参謀本部総務部の庶務課に送られ、そこから各人事部局に回される。参謀本部が所掌する陸大で育成したのだから、参謀本部を優先した人事になるかと思いきや、それは絶対に許されない。そんなことをすれば、陸軍省人事局は人事権を行使して参謀本部の庶務課長の首を飛ばし、総務部長も更迭されかねない。では、どうやって天保銭組を配分するかだが、各人事当局者間の談合、今日でいうドラフト会議が水面下で行なわれる。

序列の付いている数十人の人材を取り合うのだから、恫喝まがいの激論が交わされたかと思いきや、笑い話になるほど協調的、民主的な折衝だったという。

「ここのところ、とんと軍刀組とご無沙汰ですので、今年度は回していただきたい」

「前年度は多大なご配慮をいただきましたので、今年度は特に要望はありません」

「軍刀組を二人も回していただけるとのお話しですので、代わりといってはなんですが、問題児を喜んで引き取ります」

このような人事の裏舞台を知っている者が戦後、民間会社に就職して驚く。多くの会社が情実や縁故による人事を行なっているからだ。まったく民主的でないと旧軍人が憤慨しているとは喜劇だ。そして憤慨が高じると、これならば軍隊の方がまだましだとなり、こりもせず警察予備隊や海上警備隊に入隊し、再び制服を着る身になって安堵するとは、これまた喜劇というほかない。

人事当局者にとっては民主的なのだろうが、当の本人には希望を表明する機会すら与えられない。そもそも恩賜の軍刀組六人の氏名は公表されるが、それ以外の者は自分の成績すらも知らされず、噂話や停年名簿を見て推量するしかない。恩賜に肉薄していたか、まったく霞んでいたかは本人も自覚していただろうが、なんであれ十一月に陸大を卒業して部隊に戻り、早く良い所から口が掛からないかと毎日を過ごす。そして中央官衙に行く者は、翌年十二月までに籍は部隊に残した勤務将校という形で転出する。

すぐにも勤務将校の手が必要な部局は、早めに声を掛ける。そういう忙しい部局こそ中枢部だ。陸軍省ならば予算と編制を扱う軍務局軍事課、参謀本部ならば作戦を扱う第二課だ。教育総監部ならば「典範令」（操典、教範、諸令）を扱う第一課だ。陸大での自分の成績を知らない者に中央三官衙から声が掛かれば舞い上がる。しかし、そこには落とし穴が待っている。そこの勤務は厳しく、少しのミスも許されない。もしここで落第点を付けられると、一生うだつが上がらず、サビ天を吊ってのドサ回りになるともっぱらだった。

昭和期の平時に陸大を卒業した陸大三九期から四八期までの恩賜の軍刀組の新卒者配当は、参謀本部に二四人、陸軍省に一五人、教育総監部に九人、各実施学校に四人、陸士に四人、航空本部に二人、師団参謀に一人、勤務将校になる前に戦死一人となっていた。また、秩父宮雍仁が入校するということで俊才が集まったとされる陸大四三期（昭和六年十一月卒業）は五一人卒業だが、参謀本部に二一人、各実施学校に八人、陸軍省に七人、陸士に六人、師団参謀に五人、教育総監部に三人、勤務将校になる前に戦死一人となっている。陸大の性格がよくわかる新卒者の配当だ。

この陸大と同じ時期、海大甲二七期から三四期の恩賜組一六人を見ると、軍令部に五人、海軍省に三人、海外派遣が五人、航空本部、戦隊参謀、東京帝大派遣が各一人ずつとなっている。

◆問題を残した人事屋の人事

海軍で人事を扱う部局は、海軍省人事局に一元化され、かつ将官会議によって権威付けされていたから問題も少なく、多くの人が人事に納得していた。また、ハンモック・ナンバー上位一割を特進組とし、その一人ひとりに人事担当者を付けた長期にわたる計画人事も成功したといってよいだろう。そして海軍は、優秀な人材を人事畑に送り続けたことも、人事が好評だった理由になる。例外はあるにしても、ほぼ毎年、海大甲の新卒者を人事局第一課や各鎮守府人事部に配当していた。

海軍で人事局長を務めて海軍大将にまで進んだ人には、三須宗太郎〔滋賀、海兵五五期、砲術〕、山屋他人〔岩手、海兵一二期、水雷、海大甲二期〕、鈴木貫太郎、岡田啓介、藤田尚徳〔青森、海兵二九期、砲術、海大甲一〇期〕の五人がいる。人事局第一課長（人事局首席局員）を務めて大将に進んだのは、加藤定吉〔東京、海兵一〇期、水雷〕、岡田啓介、永野

藤田尚徳

伊藤整一

修身、長谷川清の四人だ。昭和二十年四月、第二艦隊司令長官として沖縄特攻に出撃して戦死、大将を遺贈された伊藤整一［福岡、海兵三九期、水雷、海大甲二一期］は、人事局第一課員、同課長、人事局長を歴任している。人の恨みを買うような人事をしていたならば、これだけ多くの大将を輩出することはなかっただろう。

　これに対して陸軍だが、士候制度になってから人事局長を務めて大将に進んだ人は六人いるが、人事畑育ちといえるのは白川義則［愛媛、陸士一期、歩兵、陸大一二期］だけだろう。また、補任課長を務めて大将に進んだのは岡村寧次ただ一人だが、彼も本来は人事畑育ちではない。陸軍では人事屋が主流を占められなかった理由の一つは、人事局が陸大新卒者の配当を受けるのは、数年に一回という信じられないことが行なわれていたからだ。

　たまに補任課にも陸大新卒者の配当があると、大事にされて長期勤務となりがちだが、これまた弊害が大きい。その一つの例を楠山秀吉［和歌山、大阪幼年、陸士二七期、歩兵、陸大三九期］に見ることができる。彼は昭和二年十二月卒業の陸大三九期だが、十二年十月に歩兵第三一連隊長（弘前）に転出するまで補任課勤務だった。補任課時代に高級課員となって辣腕を振るい、付いた仇名が「道鏡」という。楠山のことかどうかは知らないが、歩兵科の兵科将校としての経験は、陸士の区隊長ぐらいの者が、各方面の佐官人事を左右するとはいかがなものかという声も上がっていた。

人事局の古狸になれば、自分で自分の「人事の線」を引くこともできる。次の異動であそこのポストが空くから、自分がそこに入り、そこで進級しておけば、すぐに高級課員として補任課に戻るといった絵図だ。誰もがそんなことをしていたとは思えないし、そう計画通りになるはずもないが、それをやってのけた人は皆無だとも言い切れない。そんな風潮があったとすれば、人事部局にこそ強く望まれる活発な人事交流、フレッシュな人材導入といったことが望めなくなる。

これまた誰がということではなく一般論だが、人事局から転出してきた者の勤務態度に謙虚さや従順さに欠け、上司を上司とも思わぬ不遜な態度が見え隠れするともっぱらだった。補任課にいる時、部下のために頭を下げている連隊長や師団長についい横柄な態度となり、それが習い性になったこともあっただろう。さらに歩兵科で固めている補任課員が、特科や技術部門さらには医務局のことを知るはずもないのに、あれこれやっているのはいかがなものかという意見もあって当然だ。

そしていつの頃からか、人事部局に配置されると、潰されるとの風評が流れた。二・二六事件後の粛軍人事で苦労した補任課長の加藤守雄［宮城、仙台幼年、陸士二四期、歩兵、陸大三二期］は体調を崩し、昭和十四年に急逝したことも、そんな噂に真実味を帯びさせた。畑違いながら新機軸を打ち出した人事局長の阿南惟幾も、追い出される形で第一〇九師団長に転出した。さらには折角、陸大恩賜の軍刀組を回してもらいながら大事に使わず、潰してしまったと語られたのは、沖縄決戦時の第三二軍高級参謀（作戦参謀）を務めた八原博通［鳥取、陸士三五期、歩兵、陸大四一期］のことだった。

八原は少尉の時に陸大の初審を突破、少尉のまま再審も通過、中尉で天保銭を吊ったばかりか、恩賜の軍刀組となった。これは陸大の長い歴史の中でも最年少記録のはずだ。ところがあまりに早く天保銭を吊ると、補職先がないことになる。そこで異例なことに八原は恩賜の軍刀組、しかも中学出身にも関わらず、補任課に配置された。それまで陸大の恩賜組が新卒者の配当で補任課に配置されたことはなかったはずだ。

当初、八原は快活な性格だったとされるが、補任課勤務を続けるうちに暗くなっていったとされる。Dコロの中にPコロただ一人ともなれば、明るくなれといっても無理なことだ。そして与えられた職務は、本流の歩兵科ではなく傍流の特科の人事だった。最年少の陸大恩賜としては腐るのも無理からぬことだ。そして昭和八年から米国駐在となって、米軍歩兵連隊付の勤務となった。この時、慢性疾患に罹患した可能性もあるが、帰国して再び補任課勤務となり、すっかり人が変わってしまったという。そしてさらに二年の補任課勤務、人事当局は人の使い方を知らないというほかない。

それからの八原は、陸大教官と外回りの軍参謀と便利に使われた揚げ句、昭和十九年三月から南西諸島防衛の第三二軍高級参謀となった。八原の俊才ぶりを知る人ほど、死地に送られた八原に同情していた。作戦構想で八原と対立したとされる軍参謀長の長勇ですら、「君ほどの秀才をこんなどうしようもない軍に回すとは、人事当局はなにを考えているのやら」と同情していたことも沖縄決戦の一つのエピソードになるだろう。

沖縄決戦は米軍の戦法など多くの戦訓を残した。同胞を抱えての戦闘というだけでも、本土決戦には知っておかなければならないことだ。そこで第三二軍司令部は玉砕するに当たり、八原高級参謀に中央への報告の任務を与えて内地への脱出を命じた。結果的には捕虜となって内地に帰還したが、彼がどう扱われ続けたかを知る者にとっては救いになったことだろう。

第五章　公正な人事を阻んだもの

◆色濃く残っていた藩閥意識

昭和二十年八月の終戦時、最新参の陸軍大佐は陸士三九期生（二十年三月進級の一選抜）、海軍大佐は海兵五二期生（十九年十月進級の一選抜）だった。これからしてもわかるように、大東亜戦争中の中堅幹部は、日露戦争の前後に生まれた世代ということになる。彼らにとって戊辰戦争や佐賀の乱、西南戦争はそう遠い昔の話ではなく、それを体験した父や祖父から聞いた生々しい話を記憶し、郷党意識を育んでいた。

こうした意識は、陸士や海兵に進めば薄れると思いきや、逆に増幅される傾向もあった。そこには県人会があって、同郷の者が集まり親睦を深めるからだ。陸士には日曜下宿というものが市ケ谷から四ッ谷にかけて点在し、外出が許される日曜日にはそこに集まり、たまさかの自由を満喫していた。その多くは同県人が集まって運営されていた。有名なところでは、佐賀軍友会、山口の同裳会、熊本の銀杏会、高知の土陽会などだが、千代田会という東京出身者向けのものもあった。この日曜下宿には任官した者も顔を出したりと、現役将校の交流の場にもなっていた。

海兵でも県人会が組織され、それなりの活動が続いていた。ところが昭和六年の満州事変の前後、桜会など軍内の横断的な結合が問題となった頃、「海軍士官には同期生会があれば十分」とされ、県人会はなくなった。陸士は昭和十二年十月、神奈川県座間に移転され、市ケ谷一帯にあった日曜下宿も自然消滅の形となり、県人会も活動の場を失った。また、戦時ともなり県人会どころの話ではなくなった。

旧藩閥の意識は、時が経つにつれて薄れて行くもののはずだった。特に陸海軍の将校は、今日の自衛官と同じく全国異動を重ねるし、しかもエリートほど東京勤務が長くなるので、郷土意識が薄れるのが自然だ。ところが建軍当初から張り巡らされた根っこは深く、かつ太いものだったから、その意識は色濃く残った。ともかく明治、大正における藩閥意識は強烈で、それは人事にストレートに現れた。

明治、大正期、陸軍大将に進んだ者は七一人、うち山口出身は一五人、鹿児島出身は一一人だった。同じ時期、海軍大将に進んだ者は四〇人、うち鹿児島出身は一五人だった。明治期に限ると、陸軍大将三一人中、山口出身は一一人、海軍大将は一五人中なんと一三人が鹿児島出身だった。いくら明治維新に貢献した薩長二藩にしろ、この寡占状態は維新の精神に背馳するものだ。

もちろんこれら大将本人は、日露戦争までの戦歴を見てくれ、実力で大将まで上り詰めたのだと胸を張るだろう。もちろんそうであったろうし、そうであったと思いたい。しかし、地域に根差す情実や縁故による人事が行なわれたことも事実だろう。明治の元勲とはいっても、その昔は主君にお目通りも許されなかった軽輩の家の出だ。それが旧藩主の意向に逆らうことはできないはずだ。これが殿の意向だと明確に示されなくとも、あれこれと忖度を働かすのが日本の風土だ。

旧藩主家にまつわるこぼれ話は、いろいろと伝わっている。大正初めに毛利家の嗣子が幼年学校に進むこととなった。すると山口県の各中学の校長にどこからともなく、「若様の露払い、ご学友が必要となったから、優秀な者を候補に差し出すよう」とのお触れが伝わった。そのため陸士三〇期代後半には山口出身の優秀な者が多いのだそうだ。

分家の出ながら加賀百万石を継いだ前田利為もエピソードにこと欠かない。陸大校長から師団長に転出したが、向かった先は満州東部の第一線、綏陽にあった第八師団（弘前）だった。すると金沢の町で、「そんな寒い僻地とは殿がおいたわしい」との声が上がり、慰問ツアーが大挙して綏陽に押しかけた。すでに支那事変が始まっていたことからも、なんと不謹慎な貴族趣味となって、前田の予備役編入が早まったともっぱらだった。

情実や縁故といった恣意による人事が行なわれれば、有為な人材が弾き出されて埋もれてしまう。明治建軍の当初、技術が問題となる砲兵や工兵の育成には、薩長土肥だけではどうにもならず、多くは旧幕臣の助力を仰いだ。ところが技術を伝授してくれた旧幕臣を冷遇し

松浦淳六郎

今井清

た。そこで「どうにも田舎侍には困ったものだ」との愚痴をこぼしながら軍を去った人も少なくなかったはずだ。こうした幕臣出身の人達がそれなりの扱いを受けていれば、日本軍はもっと品位のある軍隊に育っただろうし、徒に精神至上主義を唱えるようなこともなかったはずだ。

昭和九年一月、病気のため荒木貞夫が陸相を辞任し、後任は教育総監の林銑十郎となった。新体制となって一年が過ぎ、ここで人事に林色を出すこととなり、まず人事部局の人事から手を付けた。人事局長の松浦淳六郎［福岡、東京幼年、陸士一五期、歩兵、陸大二四期］が在任三年を越えていたので、これを歩兵学校長に転出させ、後任に参謀本部第一部長の今井清［愛知、名古屋幼年、陸士一五期、歩兵、陸大二六期恩賜］とした。第一部長から人事局長へ異動は珍しいにせよ、問題になるほどのことではない。

そして、ここで玉突き人事となる。歩兵学校長だった香月清司は第一二師団長（久留米）に転出、同師団長だった大谷一男［高知、陸士一二期、歩兵、陸大二四期］は待命、予備役となって玉突きはここで終わる。後任の第一部長は第四部長だった鈴木重康［石川、名古屋幼年、陸士一七期、歩兵、陸大二四期］、その後任は歩兵第二旅団長の前田利為とする陸相案を周囲に示して、どこかおかしくはないかと尋ねた。強いて問題とするならば、松浦と今井は陸士一五期の同期、鈴木と前田はともに陸士一七期、同期の間のタライ回しの印象が残るが、それほどの問題ではない。

林がなにに気をもんでいるのかと思えば、鈴木と前田は林と同郷の石川出身、しかも前田は主君筋だから、「石川陸軍」と批判されないかと心配していたのだ。昭和の御世にそんなことを心配する必要はないと周囲は笑ったが、林本人はしごく真剣で、若い者が考えるほど旧藩閥意識の根は浅いものではないと語り、停年名簿から出身道府県の記載を除かなければとまで語った。その頃、表面化した派閥抗争の遠因は、旧藩閥の対立関係にあると林は言いたかったのだろう。

この人事案はその通りとなったが、石川閥、「石川陸軍」といった批判もされなかった。また、すぐに停年名簿から出身道府県の記載もなくなったが、なにかと不便ということで、昭和十二年から再び記載されることとなった。これほど神経を遣った林だったが昭和十二年二月、首相に就任すると陸相に同郷の中村孝太郎［石川、陸幼、陸士一三期、歩兵、陸大二一期）をあっさり受け入れている。もちろん中村は一週間で陸相を辞任しているから、批判を浴びる時間もなかったのだが、林の姿勢には疑問を感じざるをえない。

旧藩閥の意識がなかなか消えないためか、人の目を気にして同郷だからといって重用はしないとのポーズはとるが、それは単なる観測気球の場合が多い。昭和十九年七月、小磯国昭内閣に副総理格で入閣した米内光政は、現役復帰して海相に就任した。そして同年八月、軍令部総長に残っていた嶋田繁太郎が辞任、後任は海上護衛総司令長官の及川古志郎になると聞いた米内は、「それはまずい」と難色を示した。どこがまずいのかと思えば、及川の生まれは新潟だが、本籍は米内と同じ岩手だから、それを変な目で見られはしないかと心配していたわけだ。

そして大東亜戦争も最終局面に入った昭和二十年五月、海軍次官の井上成美が大将に進んで次官を辞任、後任は軍務局長の多田武雄［岩手、海兵四〇期、水雷］となった。多田の実父は、米内が卒業した岩手中学の校長だった。ところがこの時、米内が多田と同郷であることを意識した様子はない。どのような場合、同郷であることを意識して気を遣うポーズをするかを心得ている人が栄達するということになる。

陸軍で米内のようなタイプの人といえば、梅津美治郎となろうか。彼は大分の中津出身だが、ここ大分は小藩が分立した地域だからか、大分という地域をあまり意識しないといわれる。ところが細心な梅津は、自分の周囲に大分県人が集まらないよう注意していた。彼は昭和十四年九月から十九年七月まで関東軍司令官を務めたが、参謀副長に同郷の綾部橘樹と池田純久［大分、熊本幼年、陸士二八期、歩兵、陸大三六期］を使ったのは珍しいことと語られた。それも中央からあてがわれたから副長に使ったまでのことというのが梅津の姿勢だった。

そして昭和十九年七月、東條英機陸相の後任に梅津は阿南惟幾を強く推した。阿南は大分の竹田の人だから、梅津にしては思い切った提案だった。阿南は東京生まれの東京育ち、幼年学校も熊本ではなく広島だ。それでも梅津の口から阿南の名前が出るとはよくよくのことだった。この時は阿南の陸相案は流れたが、昭和二十年四月成立の鈴木貫太郎内閣で実現した。満州事変時の南次郎陸相、金谷範三参謀総長と同じく大分コンビで終戦を迎えることとなる。ちなみに終戦時、軍令部総長の豊田副武、外相の重光葵はともに大分県人だった。

◆実現しかけた「海の長州」

昭和十年代になると、旧藩閥を語る人もごく限られていたが、実は水面下で「海の長州」が形成されつつあった。昭和十五年九月から十九年八月まで軍務局長を務めた岡敬純［山口、海兵三九期、水雷、潜水艦、海大甲二一期］、十五年十一月から十七年十二月まで人事局長を務めた中原義正［山口、海兵四一期、水雷、潜水艦、海大甲二四期］、十六年四月から十九年七月まで海軍次官を務めた沢本頼雄［山口、海兵三六期、砲術、海大甲一七期］、この

岡敬純

石川信吾

三人揃って山口出身だった。そしてこの背後には長らく山口出身でただ一人の海軍大将、艦隊派の重鎮とされ、大政翼賛会で隠然とした勢力を築いた末次信正がいる。
岡と中原は潜水艦畑の育ちだが、末次も潜水戦隊司令官を務めたことがあり、これが接点となっている。このような背景の舞台で踊ったのが「海軍でただ一人の政治将校」とされた石川信吾［山口、海兵四二期、砲術、海大甲二五期］だった。
昭和十年末から翌年七月まで欧州に出張していた石川信吾は、帰国すると二・二六事件に関与した疑いで取り調べを受け、予備役編入かと思われた。この時、海軍省臨時調査課長だった岡敬純がとりなし、臨時調査課預かりとなって石川の首はつながった。石川は昭和四年から八年まで東京にいたから、調べてみたら五・一五事件に関与していたというならばわからないでもないが、昭和十一年の二・二六事件となると腑に落ちない。おそらくは、桜会との関係と混同されたのだろう。

昭和五年十月、東京の九段で陸軍の現役将校が数十人集まり、桜会の初会合が開かれたが、海軍士官も数人加わっていたという。おそらくは横須賀の砲術学校の剣術教官か霞ケ浦航空隊の士官だろう。昭和五年秋といえば、ロンドン軍縮条約を巡って統帥権干犯問題が賑やかな頃、海軍士官が桜会の集会で怪気炎を上げていてもおかしくはない。当時、軍令部第一班第二課（軍備計画）にいた岡敬純や艦政本部にいた石川信吾が桜会と接触したかどうかは定かではないが、接触しなかったと断言できる材料もない。

このような海軍士官の動きを見た桜会の首領、橋本欣五郎は艦隊派の巨頭、加藤寛治と末次信正を説いて「星洋会」なる陸海軍の親睦団体を立ち上げた。ここで主に軍縮問題などに関して意見交換を行なったとされる。海軍における軍縮問題の専門家が岡敬純と石川信吾だった。特に石川はよく星洋会に顔を出し、そこで培った人脈から海軍で一番陸軍に顔が広いのは石川だとされ、そんなことで「海軍でただ一人の政治将校」と噂されるようになった。

予備役一歩手前で救われた石川だったが、当然ながら冷遇され続けた。ところが妙なことが中央復帰の糸口となった。昭和十三年一月、北支那特務部に派遣された石川は、占領直後の青島で特務部長となった。陸軍との協定を無視して第四艦隊が青島を先取し、あとから入って来た第五師団（広島）とことごとくいがみ合い、ついには機関銃を構えて威圧し合うという異常事態となった。ちなみに第四艦隊司令長官は海軍きっての陸軍嫌いで知られる豊田副武、第五師団長は板垣征四郎だった。

そんな青島で石川は特務部長として軍政を担当したが、停車場から郵便局まで陸軍向けと海軍向けに二分し、はては遊郭を二つに分けて境に塀を設けて歩哨まで立てたという。この徹底した姿勢が豊田の気に入り、石川の中央復帰も夢ではなくなった。そして石川は横須賀軍需部総務課長として帰国、続いて興亜院政務部第一課長となった。

昭和十五年十一月、海軍省に兵備局が新設され、これに伴い軍務局第二課は「国防政策に関する事項」を扱うこととなり、陸軍省軍務局の軍務課とカウンターパートの位置付けとなった。この新しい業務を担う第二課長に軍務局長の岡敬純は名指しで石川を求めた。これに対して人事局第一課長の島本久五郎［和歌山、海兵四四期、潜水艦、海大甲二八期］は、石川はとかく越軌の行動をしがちだからと難色を示し、人事局長の伊藤整一にその旨を具申した。伊藤も同じ意見だったが、岡に押し切られる形で石川は第二課長となった。彼はこの職務に昭和十七年六月まで就いていたが、陸軍のカウンターパートとなる軍務課長は、河村参郎［石川、東京幼年、陸士二九期、歩兵、陸大三六期］、佐藤賢了だった。

この頃、石川は長州内閣の樹立を夢想しており、自分を内閣書記官長に擬していたという。その長州内閣とは、首相兼外相は松岡洋右、内相は末次信正、商工相は岸信介、海相は沢本頼雄、海軍次官は岡敬純といったところだろう。こんなことを夢想するとは、政治をことのほか好む長州人だからというほかない。ともかく一介の大佐がこんな不遜なことを考えていたとは信じられないことだ。

軍務局第二課長に就いた石川は、すぐに省部を横断する形で委員会を設けた。メンバーは、第一課長の高田利種〔鹿児島、海兵四六期、航海、海大甲二八期〕、石川、軍令部第一課長（作戦）の富岡定俊〔長野、海兵四五期、航海、海大甲二七期〕、第一部長直属の大野竹二〔東京、海兵四四期、航海、海大甲二六期〕だった。この委員会で下された結論は、それまでの海軍の方向性を一変させるものだった。

それまでの海軍の路線は、対米英戦は極力回避しつつ、万一に備えて軍備を強化して行くというものだった。ところが石川が主導した委員会の結論は、それまでの路線は退嬰的で、そういった姿勢は米英に付け込まれ、逆に戦争の可能性を招くと論じた。そこで対米英戦を覚悟して、諸施策を強力に推し進めなければならないと結論付けた。この論理の運びを補完するため、委員会は「物動予測」を付録とした。

それによると、石油の備蓄は開戦から一年半はもつ。その一年半のうちに艦隊決戦で勝利を収めるから、それ以降の石油の需給は安定する。船腹量の問題は、開戦後二年半もちこたえれば、造船量が喪失量を上回るとソロバンを弾いた。この物動予測がまったくはずれたことはさておき、これで海軍の姿勢は一変して対米英戦に傾いて行く。

一介の大佐の人事、しかも出身地がからむ情実人事、それが国家の行く末までを左右したことになる。そして石川信吾は、ながらく「日本を戦争にもって行ったのは、この俺だよ」

と語っていたという。

◆兵科間の緊張関係

幼年学校が六校となったのが明治三十年九月、その最初の卒業生は陸士一五期生となる。これ以降、皇族や死去後の遺贈を含めて陸軍大将は三〇人生まれたが、そのうち二一人までが幼年学校出身者だった。日露戦争中の臨時募集でほぼすべてが中学出身者の陸士一九期の大将五人を含めてこの結果なのだから、圧倒的に幼年学校出身者が優勢だったことになる。それでいて幼年学校閥とは語られていない。各幼年学校同士では角を突き合わせていただろうが、共通の敵が現れると一致団結、円陣を組んで唸り声を上げる。こうなると敵なしで、改めて幼年学校閥などと語る必要がない。

これに対して兵科閥は厳然として存在した。明治六年五月の陸軍武官官等表によって歩兵、騎兵、砲兵、工兵、輜重兵の五つの兵科が定められた。続いて明治十四年三月に憲兵、大正十四年五月に航空兵が加わる。明治三十九年四月から昭和十三年六月まで陸軍の軍服はカーキ色、立襟・肩章、襟飾が各兵科の定色だったので、一目でその人の兵科がわかった。天保銭がそうであったように、その人の帰属しているところがすぐにわかれば、連帯意識と対抗意識が生まれ、ひいては派閥を形成するようになる。なお、各兵科の定色は、歩兵が緋、騎兵が萌黄、砲兵が山吹、工兵が鳶、輜重兵が藍、憲兵が黒、航空兵が群青となっていた。

大東亜戦争中、陸軍の中枢を担った陸士二〇期（明治四十一年十二月、少尉任官）から四〇期（昭和三年十月、少尉任官）まで合計一万五〇〇〇人のうち、歩兵科は六一パーセント、騎兵科は七パーセント、砲兵科は一九パーセント、工兵科は八パーセント、輜重兵科は五パーセントとなっていた。憲兵科の教育は陸士では行なわれず、任官後に事故に遭ったりして乗馬ができないなどの障害のある者が転科していた。また、憲兵科に転科すると、東京帝大法学部の派遣学生になって勉強できるからと進んで志望する人もいた。

本人の希望が叶うような甘い世界ではないにしろ、兵科の人気のはやり、すたりはあった。大正期に権勢を振るった上原勇作は工兵科出身だったからか、「ドカタ」と言われつつも人気があり、かつ当局も配慮し、理数系に強い者が集められていた。また、大正三年から第一次世界大戦となるが、大砲撃戦で終始した西部戦線の戦況が伝わると、砲兵科の人気が高まり、当局も砲兵の育成に務めていた。元来、砲兵科はすぐに馬に乗れると人気があったうえに、さらに俊才が砲兵科に集まるようになった。

多数を占める歩兵科は「バタ」と呼ばれ、いつまでもバタバタと歩かされる歩兵科は、昔も敬遠されていた。わざわざ区隊長に足を見せて、この通り扁平足だから歩兵は無理と陳情する者も現れる。歩兵を多く確保しなければならない区隊長は、「なにを言っている、扁平足ぐらいいなんだ。見てみろ、偉い人はほとんど歩兵だぞ。歩兵になって偉くなってくれ」と引導を渡す。

歩兵科は「軍の主兵」というだけあって、陸軍は歩兵に有利な構造をしている。歩兵科はその専門職域だけでなく、各兵科の共通職域に歩兵科の指定席を確保している。幼年学校の校長、生徒監、教官はほぼすべて歩兵科だ。陸士の区隊長、中隊長には特科の者はいない。各特科の実施学校の教官には歩兵科の者が必ずいるが、歩兵学校には特科の教官はいない。特に歩兵科優勢をもたらしたのが、陸士の区隊長を押さえたことだ。各地の歩兵連隊から送り込まれた区隊長は、ここで陸大の受験勉強をするから合格率が高くなり、歩兵の地位を強化する結果となった。

そして歩兵科は人事の多くを握っているから、その勢力範囲を拡張し続ける。少しでも隙間があれば入り込んでくるので、「歩兵は空気」とまで言われていた。憲兵司令官は当然のこと、憲兵科出身の将官が充てられるものと思いきや、大正から終戦までの憲兵司令官二五人のうち、一八人が歩兵科出身、四人が憲兵科出身、三人が砲兵科出身だった。これでは憲兵の士気は上がらない。さらには不満が高じると、自分達が取り締まらなければならないはずの桜会などの過激な軍内結社に進んで加わる者すら現れる。昭和の混迷はここから始まったとしてもよいだろう。

要塞司令官は、砲兵科や工兵科出身の者が就くポストだと思うのが自然だ。そのためもあって、昭和十五年まで陸士では砲兵科は野戦砲（野砲と山砲）と重砲（要塞砲）とに分けて教育していた。ところがしばしば要塞司令官のポストは、歩兵科出身の将官の人事の調整弁に使われた。東京湾要塞司令官では、林銑十郎、筒井正雄［愛知、陸士一三期、歩兵、陸大二一期］、小林恒一［茨城、陸士二二期、歩兵、陸大三四期］、舞鶴要塞司令官の石原莞爾がその好例だ。

人数の上からも歩兵科に対抗できるのは砲兵科だった。人気のある兵科であり、工兵科に並んで理数に強い秀才が集まっていた。しかし、工兵科と同じように砲工学校の普通科に一年、そこの成績が上位三分の一に入ると高等科に進み、もう一年履修となるので二年のブランクが生じて陸大入校が遅れる、またトップクラスは員外学生に出て技術畑に進むから、これで陸大に進む者が少なくなる。

それでも砲兵科の者で陸大恩賜は、兵科が撤廃されるまで約五〇人と健闘していたし、中央官衙の椅子取り合戦でも善戦していた。陸軍省の筆頭課とされる軍事課長は三三人中五人、参謀本部第二課長二五人中五人が砲兵科だった。そして技術本部や造兵廠を押さえ、そこを根城に技術を武器として歩兵科と張り合っていた。

砲兵科の人にはどこか癖があって、それが難点だった。戦場では弾薬の撃ち惜しみをする、自分の目で目標を確認しなければ砲撃をしないと歩兵をやきもきさせる。砲兵の装備とされたものをほかの兵科に割愛することを渋りに渋る。そのため歩兵の火力の増強が阻害されたという。この傾向は万国共通だそうだが、日本では著しかったといわれる。歩兵の火力を増強するには、砲兵科の者を歩兵部隊に組み入れればよいと思うが、兵科の縛りは厳重でそんな人事は考えられないことだった。

支那事変も一年になる頃の昭和十三年六月、陸軍の軍服の改正で、折襟・襟章となり、兵科を示した襟飾がなくなった。形から入るのが軍隊の特性だが、これで兵科の意識がかなり薄まった。そして支那事変の戦略方針が長期持久となり、兵科毎の予算や定員の枠がなくなったこともあり、昭和十五年九月に憲兵科を除いて兵科が撤廃された。その代わり人事管理を容易にするため「兵種（隊種）」が設けられた。これによって砲兵科は野砲、山砲、騎砲（騎兵砲）、野戦重砲、高射砲、情報などに細分された。工兵科からは、鉄道、船舶、通信などが派生している。

大東亜戦争の開戦前後、陸軍中枢部が特異な顔触れになった時期があった。陸軍次官は木村兵太郎、陸軍省調査部長は三国直福［福井、大阪幼年、陸士二五期、砲兵、陸大三三期］、軍務局長は佐藤賢了、軍事課長は西浦進、兵務局長は田中隆吉［島根、広島幼年、陸士二六期、砲兵、陸大三四期］、参謀本部第二部長は岡本清福［石川、名古屋幼年、陸士二七期、砲兵、陸大三七期］、そして陸大学校長は岡部直三郎、これらが重なったり、交差したりした。このなにが特異かといえば、これ全員が砲兵科出身だったことだ。兵科が撤廃されていなければ、まず考えられない人事だったという。この陣容が良かったかどうかは別にして、兵科が円滑な人事を阻害していたとはいえるだろう。

◆「マーク」と呼ばれる区分け

海軍の兵科将校には、陸軍のような固定的な兵科といった区別はなかった。戦闘艦艇一隻毎にその機能が完結していなければならず、戦艦だから砲術屋だけ、駆逐艦だから水雷屋だけでは事足らない。戦艦「長門」ですら新造時には、魚雷発射管を水上四門、水中四門を装備していた。駆逐艦も五インチ砲、対空機関銃を装備していたから、砲術屋も必要になる。歩兵連隊といった単一兵科で部隊を編成できないので、海軍は兵科といったものがなかったのだろう。

しかし、専門による分化、いわゆる「マーク」（専門）による色分けはあった。すなわち砲術、水雷、航海で、時代を追って潜水艦、航空が加わってくる。その専門教育を行なうところが術科学校だ。砲術学校（明治二十六年設立の砲術練習所を明治四十年四月に改組）、水雷学校（同じく水雷練習所を改組）、潜水学校（大正九年三月に設立）、通信学校（昭和五年五月、水雷学校から分離独立）、航海学校（明治四十二年十月、海大乙種学生の航海術コース、昭和九年三月に独立）が主なものだ。なお、潜水学校は呉、ほかは横須賀、東京周辺に置かれていた。

海兵を卒業してから近海巡航、遠洋航海を経て少尉に任官した兵科将校は、中尉の時までに全員、各術科学校の普通科に入校する。適性に応じてというよりは、陸軍の兵科決定の場合と同じく海兵の卒業成績を見ながら平準化を意識して配分するから、ここでも各人の希望はおおむね無視される。時代にもよるが、普通科の修業期間は半年だった。

大尉に進級すると、志望によって選抜試験を受け、合格すれば術科学校の高等科に進む。本人の希望、普通科の修業先と成績が考慮されるが、選抜試験の合格者は一括してプールされ、ここでも平準化が図られ、入校先の事情によって配分されるため、普通科とは違った術科学校に進む場合もある。ここで一年間修業、卒業して砲術屋、水雷屋、航海屋といった「マーク」を得る。この術科学校高等科での成績は重視され、優等となると海大甲修了と同等な扱いとなる。

航海屋がまだ海大乙で養成されていた時代、このコースは計画人事に乗ったエリートが入るところとされていた。海兵三二期のクラス・ヘッドの堀悌吉は、術科学校初等科をパスし、海大乙の航海学生、次いで砲術学校高等科に進み、マークとしては砲術屋になるだろうが、エリートならではの特異なケースだ。堀と同期の山本五十六は、普通科は水雷学校、海大乙の航海学生を挟んで高等科は砲術学校だった。山本のように三つのコースを修学するのがエリート街道と目される。

海兵三六期のクラス・ヘッドの佐藤市郎［山口、海兵三六期、航海、海大甲一八期］は、岸信介、佐藤栄作の長兄だが、海軍では特異な経歴で知られていた。彼は海大乙の航海学生から二回にわたる海大専修学生となって海大甲学生となり、術科学校は初等科も高等科もパスし、マークは航海屋だった。彼と同期で終戦時、横須賀鎮守府司令長官だった塚原二四三

〔山形、海兵三六期、航海、海大甲一八期〕も術科学校をパスし、海大乙の航海学生、次いで海大甲学生だ。海兵四〇期で連合艦隊参謀長を務めた福留繁〔鳥取、海兵四〇期、航海、海大甲二四期〕も、術科学校をパスし、海大乙の航海学生だけで海大甲に進んだ。

海兵出身の海軍大将は、皇族や死去後の遺贈を除くと五五人となるが、砲術屋がほぼ半分、水雷屋と航海屋が四分の一ずつといったところだ。海兵一〇期代は水雷屋が優勢で、村上格一〔佐賀、海兵一一期、水雷〕、山屋他人、鈴木貫太郎、岡田啓介といった有力な大将が水雷屋だった。これは当時、重装甲の戦艦は砲撃だけでは撃沈できないとされ、機雷を含む水雷が重視されたためだ。ところが、明治三十八年五月の日本海海戦で戦艦でも砲撃だけで撃沈できることが証明され、砲術屋優勢の時代となった。

海軍の兵科将校ならば、誰もが望んだ戦艦の艦長だが、砲術学校高等科優等の砲術屋ばか

塚原二四三

福留繁

猪口敏平

有賀幸作

りかと思えば、そうでもなかった。戦艦「武蔵」が就役した昭和十七年八月の時点で日本海軍が保有する戦艦は一二隻だった。その艦長だが、砲術屋が八人、水雷屋が二人、航海屋が二人となっていた。そして国宝戦艦の「大和」と「武蔵」の艦長は合わせて九人だったが、砲術屋が四人、水雷屋が四人、航海屋が一人となっている。

昭和十九年十月、レイテ沖海戦で沈没した戦艦「武蔵」の艦長は四代目の猪口敏平「鳥取、海兵四六期、砲術」だった。彼は生粋の砲術屋で砲術学校教官を三度、同教頭を二度務めており、無天組だが砲術に関しては世界的な権威だった。このレイテ沖海戦で戦艦「大和」を連れ帰った艦長の森下信衛「愛知、海兵四五期、水雷、海大甲二九期」は、操艦の名手として知られていた。彼は天保銭組だが中央官衙の勤務はなく、駆逐艦、軽巡洋艦を乗り継いで戦艦「榛名」艦長から「武蔵」艦長となった。戦艦「大和」の最後の艦長となる有賀幸作

[長野、海兵四五期、水雷]は、五隻の駆逐艦で艦長を務め、重巡洋艦「鳥海」艦長、水雷学校教頭から「大和」の艦長となり、沖縄特攻で戦死した。

◆語学の違いで生まれる「派」

幼年学校では、ドイツ語とフランス語、一部でロシア語、この三カ国語のうち一カ国語の選択となっていた。中学では教えられていないこの三カ国語の教育は、幼年学校の存在意義の一つとされていた。そして陸士で英語の教育を受けてきた中学出身者が加わり、ここで中国語を選択する道も設けられた。陸大では、この五カ国語のうち一カ国語の選択となっていた。歩兵と騎兵の多くはドイツ語、技術が重視される砲兵と工兵はフランス語という傾向にあった。ロシア語や中国語は、情報畑を志望する者が選択するケースが多かった。

海兵での語学教育は、英語のみだった。卒業後、必要に応じて東京外国語学校に委託学生を派遣して、各国語を習得させており、フランス語、ドイツ語、中国語が主なものだった。海軍といえば英語だけというイメージがあるが、造兵、造機の分野ではフランス語やドイツ語が不可欠だった。火砲はフランスの技術が中心であり、潜水艦のディーゼル機関はドイツの技術だ。また、海軍は上海、青島、塘沽に艦艇や陸戦隊を常駐させ、在留邦人の現地保護に当たっていたため中国語も必要だった。

明治初期、陸軍はフランス兵制からドイツ兵制に変え、陸大もドイツのものの模倣といってよいだろう。また、日本の思潮としてドイツ文化に心酔する傾向があった。まして軍事となれば、フリードリッヒ大王、カルル・フォン・クラウゼヴィッツ、ヘルムート・フォン・モルトケだ。そんなことで幼年学校からドイツ語熱が盛んで、自発的にドイツ語の勉強会まで開かれていた。東京幼年学校でドイツ語に熱心で知られたのが永田鉄山、ドイツ大使を務めた大島浩［東京、東京幼年、陸士一八期、砲兵、陸大二七期］だった。彼らは語学に夢中から「ゴキ」と呼ばれていた。

フランス語を学んだ者の主力は砲兵科や工兵科の者だが、優秀な者は技術畑に進む。そこでますます陸大での主流は、ドイツ語を学んだ者となる。そんなことで、「日本を滅ぼしたのは幼年学校でドイツ語班だった者」と語られるようになったが、まんざら的はずれの評ではないだろう。そしてその矢面に立たされたのが、東條英機、大島浩、武藤章ということになり、この三人揃ってA級戦犯として起訴された。

ドイツ語を学んだ者が隆盛を極めるとなると、ポストは限られているのだから、ほかの語学の者が冷や飯を食うことになる。まずはロシア語を学んだ人達だ。日露戦争後も陸軍にとってロシアは第一の仮想敵国だった。ところが第一次世界大戦では同盟国となり、引き続くロシア革命によって、日本にとって北方の脅威は消え去ったかに思えた。対露作戦に携わってきた者は潰しがきくが、対露情報屋は失業同然となってしまった。

元来、中央官衙での情報屋のポストは少ない。その上がりといえば参謀本部第二部長だが、ロシア屋にとっては高根の花だ。第五課長（欧米課長）でもなかなかロシア屋には回ってこない。結局、第五課ロシア班長が上がりのポストだ。ロシア班が第二部第五課に昇格したのは、昭和十一年のことだ。この中央勤務となれる者はごく一握りで、多くのロシア屋が行き着く先は、ハルピン、満州里、綏芬河などの特務機関だ。

そんなロシア屋にとって冬の時代、昭和五年に駐トルコ公使館付武官から帰国した橋本欣五郎は第五課ロシア班長となったが、すぐに軍の革新を図るため桜会を結成した。参謀本部を中心とした桜会だったが、憲兵までを巻き込んで急成長し、ついには宇垣一成を首相にかつぎ出す三月事件を画策した。しかし、目的の一つだったはずの対ソ情報活動の強化までには至らなかった。このソ連に対する諜報活動が本格化するのは、満州事変によって日ソが直接対峙してからであり、さらには極東ソ連軍が急速に強化され出してからだった。

かなりの空白期間はあったものの、対露諜報活動には長い歴史があるからか、すぐに立ち直った。ハルピン特務機関が主に公開文書と通信傍受からまとめ上げ、関係部署に配布されていた『哈特諜』は、世界も注目していたという。一九三七（昭和十二）年からの赤軍大粛清の全貌を世界で最初につかんだのは、ハルピン特務機関だったとされる。昭和十五年八月には、関東軍司令部第二課と合併する形でハルピン特務機関は発展的に解消され、関東軍情報部となった。満州国内の各特務機関やチタにあった満州国領事館を中心とした情報網を運営し、諜報員の潜入、向地監視、航空偵察、通信傍受と活発な諜報活動を展開していた。

この大規模な情報機関の改組を行なって軌道に乗せたのは、ハルピン特務機関長の柳田元三〔長野、東京幼年、陸士二六期、歩兵、陸大三四期〕で、初代の関東軍情報部長となった。また彼は、ポーランド、ルーマニア、ソ連駐在を経験した対ソ課報のエキスパートだった。また軍務局徴募課長も務めており、中央部にも信用されていた。そして昭和十八年三月、柳田は第三三師団長（仙台）となってビルマに向かい、インパール作戦に参加することとなった。そして大敗の原因は彼の失策によるとされた。万事慎重で先が読める情報屋は野戦に向いていないとよく言われるが、それを証明する形となった。

昭和初頭における陸海軍の対中情報機構は次のようになっていた。陸軍では参謀本部第二部の第六課が中央に位置しており、その第三班が支那班と呼ばれ、動的情報を扱っていた。第四班が兵要地誌班と呼ばれ、地図の調製、収集、管理を中心とする静的情報を担当していた。そして北京に公使館付武官、漢口、広州、済南、上海、南京、北京に特務機関もしくは駐在員を置き、天津には明治三十四年の北京条約によって支那駐屯軍が所在していた。さらに中国に招聘された日本軍将校が各地で軍事顧問を務めていた。

海軍の中央部で中国情報を扱うのは、軍令部第三班（部）第六課だった。そして北京に海軍武官を派遣し、漢口、広州、上海、青島、南京、福州に駐在員を置いていた。また、上海に第一遣外艦隊、塘沽に第二遣外艦隊を派出していた。この態勢で人を得ていれば、日本は世界で最も強力な対中情報機関を擁していたことになる。

陸軍における支那屋の先達は、青木宣純〔宮崎、陸幼、陸士旧三期、砲兵〕だった。彼は明治十七年に広州駐在となってから、中国一筋を歩いた。明治三十三年、清朝末期の巨頭、袁世凱は公使館付武官だった青木を名指しで招聘した。日露戦争中、青木は袁世凱を通して清国の好意的中立を繋ぎ止め、さまざまな対露工作を展開した。これが日露戦争を勝利に導いた一つの要因ともなった。青木は四度も公使館付武官を務め、袁世凱死去後はその後継者の黎元洪の軍事顧問となり、後備役になってもその任に就いていた。

この青木の衣鉢を受け継いだのが坂西利八郎〔和歌山、陸幼、陸士二期、砲兵、陸大一四期〕だった。陸大から中国語を習い始めた坂西は、明治三十五年から清国に派遣され、青木の補佐官、次いで袁世凱の顧問を務めた。そして明治四十一年に帰国するまで、北京に「坂西公館」と呼ばれる情報拠点を運営し、北京を訪れる日本人は官民を問わず、必ず訪れる場

青木宣純

坂西利八郎

所となっていた。

坂西が野砲兵第九連隊（金沢）の連隊長を務めていた時、明治四十四年の辛亥革命となったため、再び北京で坂西公館を運営することとなった。それからなんと一七年間、坂西は北京にあって中国における情報活動を統括した。彼は大正十年、中将に進級したが、中央官衙の勤務はほとんどなく、連隊長だけの軍歴で中将まで進んだ例はごく珍しい。情報関連に従事する者には、このような人事的な配慮が必要なのだが、それがつい忘れられるのが実情だった。これでは優秀な者ほど情報畑を敬遠するようになる。

また、中国ならではの特殊な事情がある。中国は混沌とした大国だから、キーとなる有力人士を対象に絞り込んで情報を得るイギリス的な手法を採るようになる。現地の大物と交際するうちに、中国の大人気取りになったり、梁山泊の一員になったかのように豪傑ぶる人も珍しくない。そのうち地道な情報活動から、膨大な機密費を使った謀略活動に軸足を移すようになった。これは現地ばかりではなく、中央もその傾向にあり、昭和十五年八月に参謀本部第八課が設けられ、ここで対中謀略が扱われることとなった。

こうして中国全体を俯瞰する姿勢が失われ、民族主義の高まりや共産党勢力の動向を探ろうとはしなくなった。また、中国の軍事力の整備状況を追い、地形・地物の経年変化を丹念に探り、兵要地誌として記録に残すといった情報活動の基本が疎かにされた。中国がドイツの軍事顧問団の指導で整備した上海を囲むトーチカ群の存在を日本は知らなかったというのは、その欠陥を物語っている。それこそが支那事変の長期化をもたらし、日本を亡国の淵に引き込んだ主因だとしてよいだろう。

これに対して海軍は、長期にわたる計画人事を行なっていたためか、中国一筋という人が意外と多い。海軍は国際都市の上海を抱えているので、欧米とも交渉できる人材を必要としたため、中国と欧米の両刀遣いを育成していたように見受けられる。その代表が津田静枝［福井、海兵三二期、砲術］となる。彼は大尉の時に上海駐在となり、これを皮切りに広州、香港、上海、南京に駐在、公使館付武官、第二遣外艦隊司令官、そして海軍の情報の元締めとなる軍令部第三班長も務めた。予備役編入後は興亜院華中連絡部長官を務めたが、まさに計画的に大事に使われた情報屋だった。

さまざまな奇行で知られる須賀彦次郎［三重、海兵三八期、水雷］は、海軍に止まらず広く中国通として知られていた。彼は長江にあった砲艦の艦長を三度務めた縁で対中情報の道に入った。中佐の時に漢口武官となり、それ以降、南京、福州、天津、北京、再び南京と歩き続け、彼の中国における人脈は陸軍も脱帽するほど広い範囲に及んでいた。また、須賀の実家は三重県で有数な資産家で、軍の機密費などをあてにしない諜報活動は、誰も真似ができないものだったという。須賀の経歴は、海軍独特な一元化された計画人事でなければ、情報のエキスパートは生まれない例証だろう。なお、須賀は南京政府の軍事顧問だった昭和十六年二月、大角岑生軍事参議官とともに華南で航空事故死している。

◆掛け声だけで終わった陸軍人事の一元化

大正の軍備整理の後遺症もあって、昭和に入ってからの陸軍では、人事行政への不満が表面化していた。進級の遅速の差が甚だしい、明らかに無能な者があれこれ運動して要職に就く、なぜか札付きとされる者が中央官衙に入り込んでいる、どれもこれも人事行政がなっていないからだとの怒りの声だ。では、どうするか。海軍を見習って人事の一元化を図り、将官会議を設けて人事に権威付けをしたらどうかという声も有力だった。しかし、三長官が並立している陸軍の基本的な構造からして、人事の一元化はむずかしい。

人事行政の改善はどうにも手の付けようがないとされていたが、昭和十年八月に永田鉄山軍務局長が局長室で現役中佐の相沢三郎［宮城、仙台幼年、陸士二二期、歩兵］に斬殺された。このため全国師団長会議が開かれ、善後策が論議された。今日、活字で読むことができる善後策は、当時第六師団長（熊本）で二・二六事件時の戒厳司令官だった香椎浩平［福岡、陸幼、陸士一二期、歩兵、陸大二一期］によるものがある。そこには次のような内容の試案があった。

それは、人事局を陸軍省の外局にするというものだった。その局長は、三次長（陸軍次官、参謀次長、教育総監部本部長）と同格とし、その上に侍従武官長が兼務する人事総裁を置き、天皇に直隷するとした。こうすれば、すべての人事に絶対的な権威付けがなされ、不平不満の声は抑制されるし、滅多な人事も行なえなくなるということだった。しかし、宮中にまで問題が広まるとなると、現実的な問題ではなくなり、あくまで一つの試案にとどまった。

軍務局長斬殺という突発事態による応急人事となったため、後任の軍務局長は人事局長の今井清の横すべり、人事局長は参謀本部第三部長（運輸・通信）の後宮淳となった。陸士一五期の今井の後任には、人事のサイクルからして一七期が望ましいというならば、参謀本部庶務課長もやって人事の経験がある篠塚義男［大阪、熊本幼年、陸士一七期、歩兵、陸大二三期］がいるが、彼はこの八月に近衛歩兵第一旅団長になったばかりで動かせなかった。そこで在京の後宮が人事局長となった。彼は声の大きさと威勢のよさで知られた人だが、こういうタイプは人事に向いていないが、彼は果敢に突撃した。それが人事の一元化だった。

海軍の人事行政を見習うということだが、海軍が一元化された人事行政を円滑に進めているには背景というものがある。まず、人事権を海軍大臣が完全に掌握していることだ。それだからこそ人事を一元化できる。ところが陸軍は三長官が並列しており、その協議決定が求められる。三長官の協議決定を求められるのは将官人事に限るとはしていても、それはあくまで事務を簡便にするための覚書にすぎない。陸軍の基本的な構造からすれば、どうにも人事の一元化は図られようがない。

そしてキーとなるのが、天保銭組の人事だ。海大は海軍省が管理、運営する教育機関だ。その卒業生を海軍省がどう扱おうが文句の付けようがない。ところが陸大は、参謀本部が所掌する教育機関だ。そこから生まれる天保銭組の人事は、参謀本部の当然の権利かつ任務であり、総務部庶務課で陸大新卒者の配当から参謀適格者の人事を扱っている。これを陸軍省が取り上げなければ、人事の一元化などお題目にもならない。そして当時、参謀総長は閑院宮載仁だったから、陸軍省としても一歩引かざるをえなかった。

また、前述したように人事管理の基本資料となる海軍の考課表と陸軍の考科表とは扱い方がことなる。海軍では海軍省人事局が保管する正本一つだけだ。これでは誰も資料に基づく陳情、強請はできない。一方、陸軍だが正本は部隊に保管され、副本が人事局、その「写」が関係部局に保管されている。この考科表の「写」をもって各部署があれこれ人事に注文を付けたり、反発しているのだから、人事の一元化など望めたものではない。

そこで陸軍省人事局は、考科表の「写」を持っている教育総監部の各兵監、陸軍省の経理局、医務局、法務局などに、その「写」を差し出せと指示した。こう命令されても対策は簡単だ。整理しなければならないから、提出まで少し待ってくれと伝え、大車輪で「写」のまた「写」を調製すればよい。これから調製されるものについては、正本が保管されている場所を知っているのだから、あれこれ手を使って閲覧し、正本の「写」を調製すればよいだけの話だ。

それまで考科表の「写」を材料にして、あれこれ不満をぶつけられてきた人事局としては、なんとも煩わしいことだった。しかし、各部局の意見が必要な場合も多かった。元来が単細胞で、各分野の専門的知識が浅薄な歩兵科で固めている人事当局としては、さまざまな分野からの助言がなければお手上げだった。員外学生出身者の能力や実績を評価しろといわれても、困惑するしかなかっただろう。そこで手早くやろうと、取るに足らない噂話に基づく人事となれば、ますます人事への不満が鬱積する。

特に問題となるのは、軍医の世界だ。これは陸軍省だけの問題に止まらない。医師の育成は文部省、医療行政全般は内務省の所掌だ。そして軍医といっても、大学医学部と医学専門学校出身の二つの流れがある。そして衛生課は医学部出身者、医事課は医学専門学校出身者で固めている。さらに医務局の中では東大閥と京大閥の暗闘があり、軍人の単純な頭ではこの人間関係を理解することはできない。しかも、医療の用語は難解だ。そんなことで人事の一元化とアドバルーンを上げたところで、医務局だけでも掛け声だけで終わることとなる。

この人事の一元化の目玉は、参謀本部が握っている参謀適格者の人事権を取り上げることだった。もちろん、参謀本部は手放すつもりはなく、庶務課長代理で強気で知られる冨永恭次を先頭に立てて防戦に努めた。統帥の根本は人事というのならば、人事はすべからく軍令系統が行なうのが筋であって、それを軍政系統で一元化するとはおかしいと理詰めでこられると人事局はお手上げだった。

この問題が解決したのは二・二六事件後、昭和十二年度に入り、人事局長が阿南惟幾になってからだったとされる。その結論だが、参謀の人事は従来通り参謀本部で起案、陸大新卒者の配当も従来通り参謀本部で起案、ただしこの協定は秘密にするというものだった。このように参謀本部の一方的な勝利に終わった。秘密と言えばすぐに知れ渡るもので、ほかの部局も参謀本部と同じく従来通りを求め、その結果、人事の一元化は掛け声だけに終わった。

これによって人事局の権威というものは地に墜ちた。その結果、人事局は孤立してしまい、人事異動の輪に入れなくなる傾向すら生じた。そのため人事局は小さく固まり、その人事自体が停滞しがちとなった。するとますます人事屋という色分けが鮮明となり、しかもその専横ぶりが目につくようになり、人事へのさらなる不満が生じる結果となった。

第六章　破局へと連なる人事

◆海軍分裂の危機と「大角人事」

明治三十八年五月、日本海海戦で日本海軍はバルチック艦隊に対してパーフェクト・ゲームを演じた。各国海軍が注目したことは、主力艦が搭載している火砲だけで敵戦艦を撃沈できることだった。そこで各国は大艦巨砲主義による建艦競争に走りだす。もちろん日本も例外ではなく、野心的な「八八艦隊」整備に乗り出した。戦艦八隻、巡洋戦艦八隻、しかも艦齢八年以下で揃えるというものだ。この壮大な計画を立案し、推進したのは、日本海海戦時に連合艦隊参謀長を務めた加藤友三郎［広島、海兵七期、砲術、海大甲一期］だった。

そして、この軍備計画の先行きを最も案じていたのも加藤友三郎自身だった。国力が追いつくかどうか、はなはだ疑問だったからだ。「八八艦隊」の一番艦は戦艦「長門」だが、大正六年八月に呉海軍工廠で起工、九年十一月に引き渡されている。この建造費は四三九〇万円とされる。大正十年度の予算総額は一五億九二〇〇万円、うち海軍費は二億六三〇〇万円で、総予算に対する海軍費は三〇パーセントを超えている。こんな極端な予算の傾斜配分が

加藤友三郎

加藤寛治

いつまでも続くとは思えない。そこで加藤は、いつ、どういう形で「八八艦隊」という大風呂敷をたたむか思案していたはずだ。

そんなおり、大正十（一九二一）年八月、ウォーレン・ハーディング米大統領からワシントン会議への招請状が届いた。日本もこれに参加することとなり、全権団が組織された。首席全権は海相の加藤友三郎、首席随員は海大校長の加藤寛治、随員は軍令部第一部長の末次信正、軍務局第一課長の山梨勝之進［宮城、海兵二五期、水雷、海大甲五期］、同課員の堀悌吉だった。軍政屋の加藤友三郎と山梨、軍令屋の加藤寛治と末次という組み合わせだ。

この全権団のメンバーが発表されると、陸軍が反発した。加藤海相不在間、その事務管理にあたるのは首相の原敬だったことだ。原が暗殺されてからは、外相の内田康哉、続いて蔵相の高橋是清が引き継いだ。陸軍は、軍隊の管理を文官に委ねるとは非軍紀きわまりないと憤慨したわけだ。大正二年六月、陸海軍省官制が改正され、予備役将官にも陸相への道が開かれて以来、陸軍はこの問題に神経質になっており、これから陸軍は海軍に深刻な不信感を抱いたとされる。

ワシントン会議は大正十年十一月に始まるが、国際会議としては異例なことに、会議の冒頭にチャールズ・ヒューズ米国務長官は、主力艦の保有量をアメリカとイギリスは五〇万トン、日本は三〇万トン、フランスとイタリアは共に一七万五〇〇〇トンと最初から具体案を提示し、この数字が会議を支配した。

日本側、特に加藤寛治と末次は対米英七割を強く主張し続けた。この差の一割がどれほど大きな問題かといえば、「N二乗法」という海戦の方程式があったからだ。それによるとトン数比が一〇対六ならば火力比はその二乗の一〇〇対三六となる。米海軍は大西洋と太平洋の両洋艦隊だから日本に向けられる火力は五〇、日本の火力は三六で日本の勝ち目はない。これが一〇対七ならば日本の火力は四九、それならば勝ち目を見い出せるということだった。なんとも中学生の算数かと思うが、当時は真剣だったのだ。

最初から具体的な数字が支配しているのだから、日本の主張が通るはずもないし、会議の途中で退席する覚悟もない。まして加藤友三郎は、アドミラルとして国際協調を重んじる人だ。また考えようには、米英に主力艦五〇万トンという制限を課したともいえる。そしておそらくは、加藤友三郎には「八八艦隊」という大風呂敷をたたむ格好の機会と考えていたのだろう。

首席全権として加藤友三郎は、対米七割を強く求める加藤寛治を説得し続けたが、彼は興奮するばかりで納得しない。憤激の極に達した加藤寛治は自決したり、脳梗塞を起こしかねないと心配され、会議の終わりを待たずに帰国することとなった。本来ならば海相の統制に服さないとなって、それなりの処分があるべきだが、それがなかったから次のラウンドでより大きな問題を引き起こした。

昭和五（一九三〇）年一月から補助艦艇の制限を論議するロンドン会議が開催された。全権は前首相の若槻礼次郎と海相の財部彪、全権顧問に軍事参議官の安保清種［佐賀、海兵一八期、砲術］、首席随員は前軍務局長の左近司政三［山形、海兵二八期、水雷、海大甲一〇期］、随員の一人に山本五十六もいた。国際協調派の軍政屋でまとめたとなる。全権団に示された訓令は、「日本の三大原則」と呼ばれるもので、次のような内容だった。

一、補助艦艇所要兵力量は、昭和六年度末における現有量を標準とし、対米比率を少なくとも七割とする。

二、八インチ砲搭載の大型巡洋艦については、特に対米比率七割を保有すること。

三、潜水艦については、昭和六年度末のわが保有量を保持すること。

なお、昭和六年度の日本海軍現有勢力は、一等巡洋艦一二隻・一一万五〇〇〇トン、二等巡洋艦一九隻・九万八〇〇〇トン、潜水艦七一隻・七万八五〇〇トンの予定だった。

この「日本の三大原則」とは、海軍というよりは軍令部の、さらには海軍軍令部長の加藤寛治と同次長の末次信正の意向そのものだった。加藤としては、ワシントン会議で達成できなかった対米七割を補助艦艇で達成しようと意気込んでいる。末次は大正十二年十二月から第一潜水戦隊司令官を務めた以来、熱心な潜水艦の信奉者となり、潜水艦の日米同量を熱望していた。

ロンドン会議でもアメリカの対日姿勢は厳しく、補助艦も対米六割とする方針だった。これに対して日本側は粘り強い交渉を重ね、昭和五年三月十三日に次のような裁定となった。すなわち、対米比率は全体で六・九七五割、一等巡洋艦で六・〇二割、潜水艦で一〇割だった。これはなかなか味のある裁定だった。アメリカとしては、一等巡洋艦はほぼ対米六割に押さえ込んだのだから、米議会も納得するだろう。全体としては、ほぼ日本が望んだ対米七割、作戦様相から比率よりも絶対量が問題となる潜水艦は日米同量だから、日本も面目が立つということだった。

首席全権の若槻は、この三月十三日の裁定で手を打ったらどうかと東京に請訓した。首相の浜口雄幸と海軍次官の山梨勝之進が協議し、この裁定で決着する方針を固めた。四月一日朝、首相官邸に軍事参議官の岡田啓介、加藤、末次が参集し、岡田が代表して政府の回訓案に同意すると表明した。ところが未練を残す加藤は、「この案では用兵作戦上から同意できませぬ」と繰り返したため、海軍側は在京の将官が集まり再度協議することとなった。そこ

安保清種

大角岑生

で改めて確認して閣議に掛けられ、午後三時に浜口が参内して回訓案を上奏、裁可を得てロンドンに発信された。

この前日の三月三十一日、加藤は回訓を阻止すべく、帷幄上奏権を行使することとした。ところが侍従長の鈴木貫太郎に再考するよう説得され、この日は拝謁できなかった。翌四月一日、加藤は再度参内したものの、鈴木に「宮中のご都合が悪い」と玄関払いされた。ようやく四月二日に加藤は拝謁できたが、後の祭りとなった。

対米比率六・九七五割を受諾したこと、海軍軍令部長の上奏を妨害したこと、これらは「統帥権の干犯」であるとし、問題は海軍に止まらず政争に発展した。ここに海軍は軍備充実を図る艦隊派と国際協調重視の条約派とに二分されたかに見えた。それを繕ったのが高級人事だった。昭和五年六月の異動で次のような陣容となった。

加藤は海軍軍令部長を辞任、軍事参議官に下がった。後任は呉鎮守府司令長官の谷口尚真［広島、海兵一九期、航海、海大甲三期］となった。谷口は駐米公使館付武官、加藤友三郎の下で人事局長を務め、条約派と見られていた。軍令部次長の末次信正は舞鶴要港部司令官に転出、後任は海兵校長の永野修身となった。永野は砲術屋でどちらかといえば艦隊派となるだろう。海軍次官の山梨勝之進は佐世保鎮守府司令長官に転出、後任は艦政本部長の小林躋造［広島、海兵二六期、砲術、海大甲六期］となった。小林は英米勤務が長く、国際通で知られていた。また、昭和五年十月には財部彪が海相を辞任、軍事参議官に下がり、後任はロンドン会議で苦労した安保清種となった。ここまでならば、ロンドン会議の後始末人事として妥当なところだろう。

ところが昭和六年十二月、大角岑生が海相に、さらに翌年二月に伏見宮博恭が軍令部長に就任すると雲行きが変わった。大角は加藤友三郎海相の下で軍務局長、財部彪、岡田啓介の両海相の下で海軍次官を務めた。また、フランス、ドイツの駐在も長い。これからすれば、軍政畑の人であり、系統からすれば条約派と見るべきだ。しかし、東郷平八郎の元帥副官をやっているので、一概に条約派ではくくれないところもある。

そもそもが大角の海相は、無理な人事だった。前任の安保は海兵一八期だが、大角は二四期だ。六期も飛べば、割りを食ったと不満を募らせる者が多くなる。そして昭和七年の五・一五事件となり、大角は引責辞任し軍事参議官に下がり、後任は一五期にまで戻って岡田啓介の再登板となった。その次は人事の線からすれば、不動の海相候補とされていた海兵二五期の山梨勝之進となるのだが、そうとはならず昭和八年一月になんと大角の返り咲きとなった。そして「大角人事」とまで語り継がれる、条約派と目される者に対する粛清人事が断行された。

ともに軍事参議官の山梨勝之進と谷口尚真、佐世保鎮守府司令長官の左近司政三、練習艦隊司令官だった寺島健［和歌山、海兵三一期、航海、海大甲一二期］、第一戦隊司令官の堀悌吉らが、この時に軍を去った。そして加藤寛治、末次信正の系列下にある永野修身、高橋三吉［岡山、海兵二九期、砲術、海大甲一〇期］、嶋田繁太郎らが伏見宮博恭の権威を背景に隆盛をきわめることとなる。そしてこれが海軍にとって戦争への道の始まりとなったと見ることもできる。

山本五十六は、同期で親友の堀の退場を惜しみ、大角人事への不満を口にしていたという。たしかにここで海兵三二期のクラス・ヘッドの堀が消えなければ、ハンモック・ナンバーの秩序は崩れず、嶋田の栄達もなかっただろう。さらに冷たく見れば、山本の海軍次官もなく、結果的に連合艦隊司令長官もまた別な人となっていたはずだ。

◆陸軍軍備整理の傷痕

世界的な軍縮傾向のなか、陸軍はそれを切実には感じていなかった。なぜならば、陸軍の実情は日露戦争中のままの旧態依然としたもので、軍縮したくても軍縮するものがないと自嘲していたのが実態だった。信じられないことだが、第一次世界大戦が終わった大正七年の時点で、日本陸軍に重機関銃はあったが、軽機関銃はなかった。その重機関銃にしろ、それを装備する部隊は編制にない。世界で主流となった曲射の榴弾砲が導入されたのは昭和六年のことだった。

第一次世界大戦の戦訓から、軍の機械化、新兵器の整備、装備の改善が急務であると強調された。しかし、戦時のバブル経済がはじけ、緊縮財政では予算措置が付いてこない。そうなると軍は自力更生を図るしかなく、スクラップ・アンド・ビルトで対応することとなる。それを実施に移したのが大正十一年七月に発表された軍備整理で、当時陸相だった山梨半造[神奈川、陸士旧八期、歩兵、陸大八期]にちなんで「山梨軍縮」と呼ばれることとなる。

当時の陸軍は二一個師団体制だった。師団は四単位制（スクウェアー）といって歩兵連隊四個を基幹とし、連隊は三個大隊からなり、大隊は四個中隊だった。これを軍備整理によって歩兵大隊を中隊三個とした。砲兵連隊なども歩兵の中隊減に応じて縮小された。新たに連隊に機関銃隊を設け、歩兵中隊に軽機関銃六挺を装備することとした。さらに野砲兵旅団司令部三個と同連隊六個を廃止し、代わって野戦重砲兵旅団司令部二個と同連隊二個を新設した。また飛行大隊二個が新編された。

以上を中心とした施策によって、将校二三〇〇人、准士官以下五万七三〇〇人、馬匹一万三〇〇〇頭が整理された。これによって三五四〇万円の予算が浮いたとされるが、その代償として以前の師団五個分の戦力が失われたと試算された。さらにまだ整理が不十分と議会に迫られ、大正十二年四月に第二次整理が行なわれた。これは鉄道材料廠、軍楽隊の一部、関東軍の独立守備隊二個大隊、仙台幼年学校の廃止など、お茶を濁す程度のものに止まった。

この山梨軍縮でもっとも深刻な問題となったのは、現役将校二三〇〇人を予備役に編入することだった。しかもその人選は補任課など中央では行なわず、連隊長、独立大隊長など現場に丸投げした。歩兵連隊からは、中佐一人、少佐一人、大尉二人を首の座に差し出せという厳命だったという。それまでは、少々足りない者でも使い方によっては大きな戦力となる、適材適所といっておきながら、今度は使えない者を急ぎ選べといわれても困惑するばかりだったろう。

部下を守れない連隊長は連隊の親父ではないとなり、部隊団結の命脈は断ち切られかねないこととなった。こんな苦くかつ後味の悪い思いをした連隊長は、古参は陸士六期、新参は一三期だが、彼らはこんなことは二度とあってはならないと心に刻んだことだろう。これは昭和の陸軍に大きな影響を及ぼしている。しかも後述する宇垣軍縮で同じ人が今度は連隊を廃止され、軍旗を奉還する羽目に遭ったケースもある。そして人員整理のふたを開けてみれば、予備役に追いやられた天保銭組はほぼ皆無だった。どうにも使えない「サビ天組」がどこにでも目に付くのにこの結果だ。無天組としてはどうにも納得のいかない話になる。これで天保銭組と無天組の間にある溝が深まったことは間違いない。

転役させられた人達だが、陸軍省が開催した各種の講習会に参加して、再就職をすることとなる。教員を目指す人も多く、講習会を修了すれば高等師範本科卒業の資格で中学の教師に就職できる。体操はお手のものだが、意外と英語や数学の教師になる者が多かったという。建築講習会などをへて一般の会社に入った人も多い。経済的な問題だが、まず一時金の退職賜金を受け取り、また、ほぼすべての人は現役として一二年以上勤務しているので、恩給の受給資格は生まれているのが救いだった。

そして大尉で予備役に入った人は、大尉の現役定限年齢から六年間、召集される可能性がある。そうなると応召の大尉だが、連隊長の先輩ということも起きる。こういうことが頻発すると、階級で律している秩序が揺らぎかねない。山梨軍縮はそこまで影響を及ぼしていたことになる。

そして大正十二年九月に関東大震災が起こり、日本の国富の一割が消える大惨事となった。帝都復興が最優先とされ、軍備への投資は当分の間、見合わされた。大正十二年度予算では、総予算の三五パーセントが軍事費だったが、十三年度にはそれが二八パーセントに落ち込んだ。特に陸軍費に厳しく、大正十三年度から昭和六年度まで総予算の一三パーセント程度で推移していた。

このような財政事情の下で陸軍が近代化を図るとすれば、さらなる自力更生が求められる。

山梨半造

宇垣一成

大正十三年一月、陸相に就任した宇垣一成は、部内に軍制調査会を設けて軍備整理案を練った。その結論は、なんと常設師団四個の廃止だった。この荒治療で浮いた予算で軍の近代化を図るというもので、あくまで軍備整理であって、「軍縮」ではないと強調された。また、学校教練の制度も設けられ、その要員として学校配属将校二〇〇〇人の現役枠も用意された。

軍人なら誰もが、よほどの大鉈を振るわないかぎり、軍の近代化は図れないことは認識していただろう。しかし、戦略単位の師団二一個のうち四個を廃止するとなると、話の次元が違ってくる。大正十二年二月に改定したばかりの『帝国国防方針』で定められた戦時所要兵力四〇個師団と、どう整合させるのかという疑問もあってしかるべきだ。もちろん、ほとんどの軍人はまた首切りかと暗然としていただろう。

早くも大正十三年七月に軍備整理案がまとまり、八月から軍事参議官会議で審議が始まったが、三回の会議は紛糾して激論が交わされた。宇垣は異例にも多数決に持ち込み、五対四の僅差で可決した。国会審議をへて大正十四年五月に四個師団廃止が発表されたが、その日に軍備整理案に反対した大将三人が現役から追われた。首がつながったのは元帥府に列して終身現役の上原勇作だけだった。この時、宇垣はまだ中将だったが、人事権を握っている陸相には大将が束になっても敵わないと話題になった。

この第三次軍備整理、いわゆる「宇垣軍縮」は、どの師団を廃止するかから難問だった。歴史の浅いものから切って行くのが常識だろうが、朝鮮半島に配備している第一九師団（咸鏡北道羅南）と第二〇師団（京城・龍山）は廃止できない。第一八師団（久留米）からとなるが、政経中枢部の治安対処という観点から第一四師団（宇都宮）と第一六師団（京都）も切れず、結局、第一八師団、第一七師団（岡山）、第一五師団（豊橋）、第一三師団（高田）を廃止することとなった。

さらなる問題は、この廃止される師団に編合されている連隊や独立大隊などを機械的に切ることはできない。さまざま改編を重ねてきた結果、廃止される師団には日清・日露戦争に出征した古豪連隊がある。これは切れないから、地理的に近い師団に移すという厄介な話に発展する。さらには徴兵業務に当たる連隊区の切り直し、部隊が衛戍しない府県がないようにする、地元の陳情に気を配る、そして衛戍地の廃止を極力避けると複雑な作業となった。

こうして師団四個、連隊区司令部一六個、衛戍病院五個、台湾守備隊司令部、熊本と広島の幼年学校が廃止された。新設されたものは、戦車隊と高射砲連隊それぞれ一個、飛行隊二個などだった。廃止された衛戍地は工兵第一三大隊があった新潟県小千谷だけだった。これで将校以下三万三九〇〇人、馬匹六一〇〇頭が整理された。

前回の山梨軍縮では、歩兵中隊長のポスト二五二個が消えたが、ほかのポストへの影響は限られている。宇垣軍縮では中将の師団長から大尉の中隊長までのポスト四個師団分が一挙に消えるのだから、人事異動は空前の規模となる。まず師団長だが、第一三師団の井戸川辰三〔宮城、陸士一期、歩兵〕と第一七師団の大野豊四〔佐賀、陸士三期、歩兵、陸大一三期〕は、予備役編入となった。第一五師団の田中国重〔鹿児島、陸士四期、騎兵、陸大一四期〕は近衛師団長に栄転、前任の森岡守成〔山口、陸士二期、騎兵、陸大一三期〕は軍事参議官に転出した。第一八師団の金谷範三は参謀次長に栄転、前任の武藤信義は軍事参議官に転出した。中将の玉突き人事はこれで収まった。軍事参議官のポストが人事の調整弁として有効に働いた好例だ。

これが佐官になると、玉突き人事や穴埋め人事の連鎖となる。例えば廃止された歩兵第五一連隊長の小磯国昭は、参謀本部第一課長（編制動員課）に栄転した。前任の古荘幹郎は近衛歩兵第二連隊長に転出、その前任の大谷一男は第八師団参謀長に転出している。このような玉突き人事は、退官間近な者や学校配属将校にぶつかるまで延々と続く。四個師団となると当時の編制で大佐は各連隊長と師団参謀長の二八人だ。これが一斉に玉突き人事を起こすのだから、人事当局としてもなかば機械的に処理するほかなかっただろう。そこからも人事に対する不満や不信感が生まれた。

第三次軍備整理には、学校配属将校二〇〇〇人の現役枠があったから、予備役編入という措置はごく限られ、大きな波乱もなかった。しかし、この学校配属将校に回された人には、複雑な思いがあったはずだ。大隊長、連隊長を勤め上げた人が部下数人で中学から大学に送られ、わけのわからない学生を相手にしなければならないのだから、腐ってしまう人がいて当然だ。そんな不貞腐れた態度が、帝国陸軍将校の権威を失墜させたと論じた人もいた。しかし、配属将校は教職員の模範と高く評価された人も多い。

そして無天組だけでなく、多くの天保銭組も配属将校を務めた。終戦時、東北地方の第一一方面軍司令官だった藤江恵輔［兵庫、大阪幼年、陸士一八期、砲兵、陸大二六期］は京都大学、沖縄の第三二軍司令官で玉砕した牛島満は鹿児島一中の配属将校を務めている。満州事変の初動、奉天の北大営に突入した独立守備隊第二大隊長の島本正一［高知、広島幼年、陸士二一期、歩兵、陸大三〇期］は第一高等学校の配属将校からの出征だった。支那事変から大東亜戦争を通じ、第一線指揮官のほとんどが学校配属将校の経験者であり、この人員のプールがなければ、支那事変の緒戦にも対処できなかったろう。

配属将校になると、兵科将校としての資質が損なわれるのではないかと危惧する向きもあった。それはまったくの杞憂だった。むしろ学校で勤務して一般社会というものを知り、人間が練れて一回り成長したとされる人が多い。飢餓に襲われ悲劇の島として知られるメレヨン島に配置された独立混成第五〇旅団長の北村勝三［長野、陸士二六期、歩兵］は、早稲田大学の配属将校からの出征だった。餓死者続出の中で最後まで軍紀を保ち続けたのだから、北村の統率力は高く評価される。

どこの社会でも同じだろうが、転入者としては異動先が気持ち良く受け入れてくれるだろうか、早く溶け込めるだろうかと不安になるものだ。兵科将校は全員同窓生とはいっても、異動先の将校団の真の一員になるには、さまざま障害がある。日本陸軍は郷土部隊であることを重視していたから全国画一ではなく、部隊毎に慣習のようなものがあり、それを飲み込むまでには時間がかかる。積雪地とそうでないところでは勝手が違うし、まして当時は方言が色濃く残っているから、その壁を乗り越えるにも苦労がある。

このようなさまざまな問題のなかでより深刻なことは、部隊の一員であることをより強く意識させていた「原隊」がなくなってしまったことだ。一生、意識の上で所属している原隊を失った者は、単純計算で全体の二割以上も生まれてしまったことになる。原隊を同じくする後輩はもう生まれることはなく、自分は根なし草になってしまったという心境だったろう。そしてまた東京だけを残して幼年学校が廃止されたことも、そこを心の故郷としていた者に強い喪失感をもたらした。

二・二六事件の決起将校を見て、だれもが驚いたのは歩兵第三連隊第七中隊長の野中四郎がいたことだった。彼は、憲兵隊がリスト・アップした「一部将校」に載ることもなく、悲憤慷慨するタイプでもない人で、陸軍少将の子弟だ。そんな彼がなぜ決起し、事件中に自決したのか。野中の原隊は第一三師団の歩兵第一六連隊（新潟県新発田）だった。ところが第一三師団が廃止されたため、第二師団の編合に移った際、異動で歩兵第三連隊に転属し、心境に大きな影響を及ぼしたのだろうと彼を知る人は暗然としたという。

このような軍備整理に対する心情的な反発は、個人的な問題に止まらず、組織の総意へと発展してしまった。昭和十二年一月、宇垣一成に組閣の大命が下った。ところが陸軍は、後任陸相を推挙しないと抵抗し、異例の大命拝辞に追い込んだ。なぜ陸軍は天皇の命令ももののかはと組閣阻止に動いたかといえば、いわゆる宇垣軍縮の後遺症があったからだ。宇垣ほどの達識の人でも、そこまでは見通せなかったということになろう。

この宇垣内閣阻止を強く主張したのは、参謀本部第一部長心得だった石原莞爾と陸軍省兵務課長の田中新一だったとされる。なぜ、この二人が大先輩の組閣を妨害したのか。この二人、ともに仙台幼年学校出身だった。石原の原隊は歩兵第六五連隊（福島県会津若松）、田中は歩兵第五二連隊（青森）だ。どれも軍備整理で廃止されている。これから生じる怨念が反宇垣に走る原動力だったと理解することもできよう。

◆戦争を知らない世代と下克上

軍隊を外から見れば、非常に硬い組織と思え、なかなか変質しないもののように映るだろう。しかし、その構成員は社会的な動物とされる「ヒト」なのだから、社会の動向に応じて変質を重ねている。凄惨な戦場を往来して来た者が主導する軍隊と、戦闘の体験がない者が動かす軍隊とでは、多くの点で異なるのは当然だ。

明治三十七年二月から三十八年九月までの日露戦争に出征して第一線に立った陸軍の兵科将校で最若手は、三十七年二月に少尉任官の陸士一五期生と戦争となって少尉任官が早められた一六期生だ。ただ、一六期生は部隊によって出征した者、内地の補充隊付だった者とまちまちだった。一七期生の少尉任官は、日露講和前の明治三十八年四月だったが、ほぼ全員が内地の補充隊にあり、出征はしていない。

海兵出身で日露諸海戦に参加した最年少の少尉は、明治三十七年九月に少尉任官した三一期生だ。同年十一月に海兵卒業となった三二期生は、少尉候補生として艦艇に乗り組んで戦闘に参加している。続く三三期の海兵卒業は明治三十八年十一月だったから、戦争に間に合わなかった期ということになる。

卒業の年月日と期の羅列だけでは無味乾燥だが、これに人名を付け加えると生々しい歴史になる。最後の参謀総長で降伏文書に署名した梅津美治郎は陸士一五期、歩兵第一連隊（東京・赤坂）付として出征、旅順要塞攻略戦に参加して負傷して後送されている。これまた最後の侍従武官長だった蓮沼蕃も陸士一五期、騎兵第一〇連隊（姫路）付で出征し、諸会戦に参加している。そして終戦時、現役に残っていた陸士一五期生はこの二人だけだった。

陸士一六期の「三羽烏」として知られる、岡村寧次、小畑敏四郎、永田鉄山だが、岡村と小畑は歩兵第四九連隊（戦争中に東京で編成、戦後から甲府に衛戍）付となって樺太攻略戦に参加している。永田は歩兵第三連隊（東京・麻布）付として内地に止まった。板垣征四郎も一六期生だが、第二師団は動員が早かったため、明治三十七年十二月に歩兵第四連隊（仙台）の小隊長として出征、翌年二月に負傷して後送されている。

海兵三一期で終戦時に現役で残っていたのは、ともに軍事参議官だった長谷川清と及川古志郎の二人だった。明治三十八年五月の日本海海戦時、長谷川は戦艦「三笠」に乗り組み、露天艦橋の測距士を務めており、及川は巡洋艦「和泉」に乗り組んでいた。この「和泉」の艦長は東伏見宮依仁［草創期、水雷］だったが、その縁で及川は東宮武官に就き、東宮訪欧に随行することとなり、栄達を重ねた。

続く海兵三二期生の多くは日露戦争中、少尉候補生として艦艇に乗り組んだが、その一人に山本五十六（当時は高野）がいる。彼は日本海海戦時、装甲巡洋艦「日進」に乗り組んでいた。「日進」は第一戦隊の殿艦となったため、戦死六人、重傷八人、軽傷八二人という大きな損害を被ったが、山本も左手の指二本を失うという重傷を負っている。

海兵三二期は山本を含めて四人の大将を生んだが、塩沢幸一は戦艦「朝日」、吉田善吾は装甲巡洋艦「春日」、嶋田繁太郎は巡洋艦「和泉」に乗り組み、日本海海戦を戦っている。

吉田善吾

嶋田繁太郎

前述したように巡洋艦「和泉」の艦長の東伏見宮依仁は伏見宮博恭の叔父だから、この縁で嶋田は伏見宮博恭の信頼を得ていたと語られていた。そして最後の軍令部総長の豊田副武は三三期だから海兵に在学中で、戦況を聞いては切歯扼腕しつつ日露講和を迎えた一人だ。

このように見ると、日露戦争で惨烈な戦闘を体験している者と、していない者との境は、陸軍では陸士一六期のなかにあり、海軍では海兵三二期と三三期の間にあることになる。これはなにかを示唆しているように思えてならない。

部下を引き連れ第一線に立つと、人はどう変わるのか。月並みながら、「歴戦の臆病者はごく普通だが、歴戦の勇者はごく稀だ」ということになろうか。国民から預かった壮丁を引き連れて散兵線に立ち、この全員を無事に家郷に連れ帰らなければという責任感がないと見られれば、誰も付いて行かないのが戦場の実相だ。そうなれば万事慎重にならざるをえず、それが習い性となる。また、どんなに勇敢な人でも一度負傷すると、なにかの拍子で脅えたような素振りをするという。梅津美治郎や山本五十六は、その言動にどこか陰影があるが、それが負傷した体験からくるトラウマというものなのだろう。

日露戦争中、戦争の熱気にもっとも包まれたのは、当然のことながら軍学校に在学していた者達だった。幼年学校に在校していた者は、陸士の期で二〇期から二四期まで、陸士の在校生は一七期と一八期となる。海兵では三三期から三五期が日露戦争中の在校生だった。

国難来るということで武窓に進み、先輩、区隊長、教官から、「散兵線の花と散れ」とか「気力に欠くるなかりしか」と気合を入れられる。そこに旅順での死闘、奉天会戦や日本海海戦の大捷報を聞く。感受性が強い年頃だから、ある種独特な死生感のようなものを抱くようになるのも当然だった。そんな彼らが、「次は俺の番だ」「それ出征だ、軍刀の用意だ」と気負い立っているところへ、日露講和で撃ち方止めとなったわけだ。

平和になって結構なことだと認識しつつも、どこか不満に感じるのも無理からぬことだ。そのため、戦争中に抱いた鋭角的な考え方をより矯激的なものにしたように見える。そのため日露戦争中、武窓にあった人達のなかには、優秀ではあるがどこか癖があり、唯我独尊になりがちで、人の意表に出て得意がるというタイプが多いように思えてならない。そして、そういった人達が支那事変から大東亜戦争まで陸海軍の中枢部を占めていた。世界動乱の時代と戦争を知らない世代の時代とが重なってしまい、その結果が敗戦ということになる。

日露戦争で完勝を収めた海軍はさておき、陸軍の多くの者は、よくて日本の辛勝、本当のところは引き分けだと認識していたはずだ。奉天で止まってよかった、ハルピンまで北上したら帰ってこれなかったというのが本音だったろう。そして凱旋して後輩を見ると、なんとも観念的かつ鋭角的な考え方をしているように思え、これでは戦争に使えないのではと心配する。そこでどうにかして、この武骨張った圭角を矯めなければと心配した人も多かったはずだ。そういう親切な人を心配性の老爺扱いする手合いほど、もてはやされる困ったことが起きた。これが下克上の芽生えだ。

時代の巡り合わせで、日露戦争中に武窓にあった者が中心となって第一次世界大戦の研究が進められ、これは大きな成果を収めた。ところがその成果が実際の軍備にはすぐに反映されず、無視されることもしばしばだった。熱心に研究を進めてきた者からすれば、いつまでも日露戦争の勝利に酔い、頭が硬い上層部が問題だと声を荒らげる。上層部としては、とにかく先立つものがないのだから、どうしようもないと憮然とするばかりだ。あの宇垣一成ですら若手にあれこれ詰め寄られると、まずフームと一声、次に小指で耳を掻きながら「カネがない」と語るのを常としていたという。

国家財政がどうなっているのか、国会や政党対策がどんなに大変かを知らない若手は納得しない。予算がないのならば取ってくるのが陸相、海相の任務ではないかとする。そして陸大、海大の教官となって乱暴な持論を学生に吹き込んで自己満足にふける。こうして軍隊にあってはならない下克上の思潮が伝承されて行く。こんなご老体にこの国軍を、ひいては日本を任せておけない、我々の手でやらねばならぬという、ある面で好ましい発想から生まれた下克上だから始末に困るわけだ。

そして陸大、海大を卒業して中央官衙勤務となると、そこで落胆させられる場面を目にすることとなる。とにかく上層部があきれるほど不勉強なことだ。予算の季節になると、ソロバンを持ち出し、老眼鏡をずりあげてパチパチやっているが、単なるポーズであることは見ていればすぐにわかる。これで国会答弁が大丈夫かと思えば、質問をはぐらかしたり、相手を煙に巻くのは上手だったりする。

この人達、いつもはなにをしているのかと思いきや、自分の兵科や原隊のことしか考えない人、刀剣の鑑定に明け暮れる人、人事の予想で時を過ごす人、居眠りで一日を終える人、はては完全にアルコール依存症の人もいる。では中堅幹部は大丈夫かと言えば、これは陸大、海大直伝の観念論の達人揃いだ。その結果、いよいよ下克上の思潮が深まることとなってしまった。

◆人事の偶然がもたらした満州事変

昭和動乱、事の起こりは昭和六年の満州事変としてよいだろう。これを引き起こした関東軍は、独断専行、下克上の代名詞ともなった。関東軍は外地の日本領にある三個軍の一つだが、常に陸軍をリードして来たのではない。管轄地域の広狭や規模によって部隊の格は朝鮮軍、台湾軍、関東軍の順となる。これら外地三個軍の司令官は、ここで軍歴に箔を付けて大将の資格を得て陸軍三長官に進むというケースが多かった。

大正十五年七月、関東軍司令官に就任した武藤信義はすでに大将だったが、昭和二年八月、教育総監に転出した。後任は明らかに武藤の推挙によるもので、武藤と同郷で第四師団長の村岡長太郎［佐賀、陸幼、陸士五期、歩兵、陸大一六期］となった。村岡は教育畑の人だったから、関東軍司令官の次は武藤のあとを襲って教育総監という予定だったのだろう。ところが昭和三年六月、張作霖爆殺事件が起き、これが関東軍高級参謀の河本大作［兵庫、大阪幼年、陸士一五期、歩兵、陸大二六期］による謀略だったことが露見し、四年七月に村岡は引責辞任し、予備役に入った。このあたりから陸軍の高級人事は、想定通りには進まなくなった。

後任は第一師団長の畑英太郎［福島、陸士七期、歩兵、陸大一七期］だった。畑は軍事課長、軍務局長、陸軍次官を歴任した軍政畑のエースで、宇垣一成の後継者と自他共に認めていた。そこで彼の軍歴に箔を付けるため関東軍司令官とした。ところが畑は、任地の旅順で医療事故に遭い、昭和五年五月に死去してしまった。もしもと語っても詮ないことながら、村岡があのような形で退場しなかったならば、そして畑が急死しなかったならば、満州事変は起きなかったのではなかろうか。

ただ、人事の面からいえば、昭和六年四月に陸相が陸士一期の宇垣一成から六期の南次郎に飛んだことを含めて、高級人事が不規則になると何事かが起きるということが証明される形となった。

そもそも満蒙問題を解決するためには、武力行使も辞さないという方針は陸軍中枢部で決まっていた。昭和六年四月、第二次若槻礼次郎内閣で陸相に就任した南次郎は、満蒙問題の根本的解決策を探るため、参謀本部第二部長の建川美次を座長とする国策研究会を設けた。委員は、軍事課長の永田鉄山、補任課長の岡村寧次、参謀本部第一課長（編制動員課）の山脇正隆、同第四課長（欧米課）の渡久雄［東京、陸士一七期、歩兵、陸大二五期］、同第五課長の重藤千秋［福岡、陸士一八期、歩兵、陸大三〇期］だった。その後の人事異動で第一課長となった東條英機、第二課長（作戦課）となった今村均が加わった。

そして昭和六年八月初頭には、「満州問題解決方策大綱」がまとめられた。それによると、満州における排日運動の緩和については、外務省と緊密に連携して解決に努力はするが、それでも解決の目途が付かない場合、軍事力の行使を覚悟するというものだった。ただし、この問題の解決には内外の理解が必要だから、一年にわたって広く啓蒙活動をする。この一年の間、紛争が起きた場合、局地的に処理して事態の拡大を極力避けるというものだった。

このように武力行使を含む大枠は、陸軍中枢部で定めてはいた。しかし、実際に行なわれたように、計画を一年ほど前倒しにして、すぐさま日本の権益である満鉄（南満州鉄道）の付属地の外に出る、ソ連の権益である北満鉄道を越えて満州全域を制圧して、満州国を建国するとまでは決心していない。この積極策を立案したのは誰かだが、板垣征四郎と石原莞爾のコンビによる個人プレーとするには無理がある。時間的にそこまで話が詰められないし、この二人の満州に関する知識には限りがある。

そこで着目すべきは特務機関だ。昭和初期、満州の領域には日本の特務機関が六カ所に置かれていた。北満鉄道の沿線では、ハルピン、綏芬河、満州里の三カ所で対ソ諜報に当たっていた。吉林省竜井村の特務機関は朝鮮軍の管轄で、朝鮮独立運動に関する情報を収集していた。満州地域内の調査、諜報、応聘将校（軍事顧問）などについては奉天と吉林の特務機関が扱っており、奉天の支所が吉林だった。奉天特務機関長は通例、少将で関東軍司令部付となっていた。

この吉林と奉天の両方の機関長を務めたのは、鈴木美通［山形、陸士一四期、歩兵、陸大二三期］ただ一人だった。彼は陸大卒業後、参謀本部第四課（情報課）の勤務将校を振出しとする生粋の情報屋だ。大正八年九月から十三年三月まで関東軍で勤務し、その間に吉林督軍顧問を兼ねて吉林特務機関長を務めた。帰国後、軍備整理の影響で連隊長を二度務め、参謀本部第九課長（内国戦史課）をへて、主に畑英太郎司令官の下で昭和四年八月から六年八月まで奉天特務機関長だった。満州事変の絵図を描いたのは鈴木だったとすれば、多くの疑問が解けるはずだ。

なぜ、奉天を制圧してすぐに吉林に出たのかといえば、鈴木は吉林の情勢を詳しく知っていたからだ。なぜ、満州国を帝政にしたのか。それは鈴木が吉林で勤務していた時、清朝復辟を夢見る老臣と交わっていたからだ。なぜ、当時の奉天特務機関には、花谷正［岡山、大阪幼年、陸士二六期、歩兵、陸大三四期］、矢崎勘十［長野、陸士二六期、歩兵、陸大三六期］、今田新太郎［奈良、仙台幼年、陸士三〇期、歩兵、陸大三七期］といった謀略向きの侍がいたのか。鈴木が奉天特務機関長の時、密かに駒を揃えていたからだ。そしてなぜ、一年待てなかったのか。鈴木は昭和六年八月の定期異動で歩兵第四旅団長（弘前）に転出することとなったため、謀議が漏れる前にと計画を前倒しにしたのだろう。

この謀略を実行に移し、大胆に推進したのは板垣征四郎と石原莞爾だったことは間違いない。ただ、これは人事の偶然によって生まれたコンビだった。石原は大正十年七月から陸大

畑英太郎

鈴木美通

教官だったが、こんな長期勤務になると陸大次席の英才が埋もれてしまうと周囲が心配しだし、本人も教官稼業に飽きが来ていた。そこでたまたま空いた関東軍司令部の作戦主任に出ることとなったのが昭和三年十月のことだった。

昭和四年度と五年度の満州駐劄は、第一六師団（京都）となり、その歩兵第三三連隊長（津）が昭和三年三月から板垣だった。そんな時、張作霖爆殺事件の真相が露見し、高級参謀の河本大作が更迭された。急ぎの人事となったため、ちょうど奉天にいた板垣が後任となった。ここに板垣・石原のコンビが生まれた。

このコンビは、どうして「満州問題解決方策大綱」で定められていた一年間の準備工作をすることなく、前倒しで謀略を発動したのか。まずは昭和六年の八月人事で本庄繁が関東軍司令官に着任する時期から割り出していく。本庄が旅順の軍司令部に着任したのは八月二十日、新司令官として臨時検閲を九月七日から始め、それが終わったのが九月十八日、その日に奉天郊外の柳条湖で満鉄線の線路を爆破して口火を切った。

時間の経過によって謀議が露見する可能性は増し、さらに人事異動によって連携する朝鮮軍司令部や奉天特務機関の陣容が変わってしまう。駐劄師団が精強で板垣と石原が熟知している第二師団のうちに決着したいというのも、計画を前倒しにした理由の一つだったろう。

そして決定的だったのが中国本土の情勢だった。昭和五年九月、東北辺防軍総司令官の張学良は、精鋭七万人を率いて北京に向かったままで、満州領域は手薄になっていた。また中国本土は内憂と天災に悩んでいた。内憂とは労農紅軍（共産軍）の存在で、国民政府は昭和五年十二月から湖南省から江西省の一帯で掃共戦を開始していたが、翌年八月に第三次掃共戦が失敗に終わっている。天災とは昭和六年夏の長江の大水害で、三〇〇〇万人もの罹災者を出し、さらにチフスやコレラの蔓延に悩んでいた。これでは国民政府は満州の事態には介入できないと判断できる。ソ連は第一次五カ年計画を実施中だから、これまた積極的には行動できないと判断された。

関東軍というよりも、石原の判断通り事変そのものは円滑に進展し、早くも昭和七年三月に満州国建国となった。しかし、そこに至るまで日本政府と軍中央は、関東軍の行動を抑制しようとしていたことも事実だ。なんの準備もないままソ連の権益である北満鉄道を越えることは心配だし、さらに長大な国境線でソ連と直接対峙することは恐怖以外のなにものでもない。

そこで陸軍中央部は何回も特使を派遣して説得しても、関東軍は聞く耳を持たない。通信は維持されているのだから、独断専行の余地はない。陸相が人事権を断固として行使すれば抑えられる。例えば本庄繁軍司令官以下を東京に召還すれば、事変はたちどころに終息しただろう。満蒙問題の抜本的な解決は日本にとって重要なことだが、命令と服従という軍隊の命脈を堅持することは同じように大事なことだ。満州事変における現場の成功は、結果オーライという思潮を軍に定着させてしまい、さらなる下克上をもたらした。

そして具体的な問題は、石原莞爾の処遇だ。「石原は終始を通じて中央の統制に従わず、軍紀を乱した以上、処分すべし」という声もあった。ところが満蒙問題一挙解決の歓声にかき消されてしまった。そして破格にも、松岡洋右全権の随員として国際連盟の総会に赴いた。ジュネーブでは松岡の「十字架上の日本演説」を聴いた石原は、「あとはどうでもよい、これでよいのだ」と語りつつ会議場を後にしたと伝えられている。国際的な孤立が日本になにをもたらすのか、石原は理解していなかったことになる。

帰国した石原は、歩兵第四連隊長となり、佐官の隊付勤務二年の年季稼ぎをして昭和十年八月の定期異動で誰もが羨む参謀本部第二課長の顕職に就いた。しかも、少将に進んで参謀本部第一部長、中将で参謀次長というレールが敷かれているかのようにも見えた。これでは「なにをやっても成功すれば栄達できる。結果オーライだ」と不純分子を焚き付けているようなものだ。

そして、その石原が第一部長で支那事変を迎えると、今度は事変の拡大を防止する側に回ったのだから、若い者は「石原さんは自分だけ良い思いをして」と語るし、先輩は「今度は止め男か、石原も年をとったものだ」と冷ややかに見ているのだから、支那事変の拡大を防止することができなかったのも無理からぬことだった。

では人事上、石原をどう扱えばよかったのか。やはり中央の統制に服さなかったことは追及し、以降、軍令系統の職務に補職しないというのが正しい措置だったはずだ。そして陸大なりに戦略研究所、のちに生まれた総力戦研究所のようなものを設け、そこの幹事にして彼の頭脳を活用すべきだったのではなかろうか。彼としてもそのほうが本望だったはずだ。

◆粛軍人事の福音となった大量動員

昭和十一年の二・二六事件当時、陸軍大将は皇族除いて一一人だった。まず、教育総監の渡辺錠太郎が殺害され、事件中から陸相の川島義之〔愛媛、陸士一〇期、歩兵、陸大二〇期〕、侍従武官長の本庄繁は、引責辞任して予備役に入ると表明していた。事件の収束を見てすぐに軍事参議官の阿部信行の発案で軍事参議官の陸軍大将七人が予備役に入ることとなり、関東軍司令官の南次郎もこれに賛同した。これが実行されたならば、臣下の陸軍大将は皆無となる。

この時、大将にもっとも近い中将は、陸士一二期の杉山元だったが、中将六年という内規があるため、杉山の大将進級は昭和十一年八月以降となる。そうなると当面、陸相、教育総監、関東軍司令官に中将を充てるほかなく、陸軍の体面上も穏当ではないとなった。そこで大将になって日が浅く、責任も軽いということで、植田謙吉、西義一〔福島、陸士一〇期、砲兵、陸大二一期〕、寺内寿一の三人を大将に残し、植田を関東軍司令官、西を教育総監、寺内を陸相に充てることとなった。これでどうにか体裁は取り繕ったが、七人の大将が一挙に現役を去ったのだから、それからのトップ人事は混乱に陥る。

決起将校を出してしまった各級指揮官は、事件直後の三月に待命となった。まず、近衛師団長の橋本虎之助と第一師団長の堀丈夫だ。そして後任はそれぞれ第一二師団長の香月清司、第一六師団留守司令官の河村恭輔となった。これは二人の人事異動に止まらず、その後任、そのまた後任と穴埋め人事は際限なく続く。しかも当時、中将の現員は五〇人ほどだったから遣り繰りが大変だ。

近衛歩兵第一旅団は決起将校を出さなかったが、旅団長の篠塚義男は関東軍の独立混成第一旅団長に転出した。一七期の不動のトップとされていた篠塚だったが、それからの軍歴は暗転することとなる。同第二旅団長の大島陸太郎［山口、東京幼年、陸士一七期、陸大二五期］、歩兵第一旅団長の佐藤正三郎［徳島、陸士一九期、歩兵、陸大二八期］、同第二旅団長の工藤義雄［岡山、広島幼年、陸士一七期、歩兵、陸大二七期］も待命となった。中将確実とされ高根の花と思っていた在京旅団長のポストが一度に四つも空くのだから、色めき立つ人は多い。粛軍人事は国軍にとって不幸なことだったが、「これは好機」とする人も少なくなかったのだから、そこに人事のむずかしさがある。

もちろん、決起部隊を出した歩兵第一連隊、同第三連隊長の小藤恵［高知、東京幼年、陸士二〇期、歩兵、陸大三一期］、渋谷三郎［宮崎、東京幼年、陸士二〇期、歩兵、陸大二九期恩賜］は待命だ。決起将校を二人出した豊橋教導学校長の中井武三［東京、陸士一五期、歩兵］、決起将校を一人出して貨物トラックを持ち出された野戦重砲兵第七連隊長（千葉県国府台）の真井鶴吉［香川、広島幼年、陸士二一期、砲兵、陸大三三期］も待命となった。この待命の多くは、「復活待命」といわれるもので、即予備役編入ということではなく、ほとぼりが冷めた頃を見計らって改めて補職するものと、人事当局と本人の双方が暗黙の了解をしていたという。

　ところが昭和十一年七月に軍法会議の第一次判決が下されると、参謀本部を中心として強硬な声が上がった。これほどの不祥事があったにもかかわらず、自発的に予備役編入を申し出る者がいないとはどうしたことかというわけだ。参謀本部も陸軍省も事件が起きてなす術もなく右往左往し、揚げ句には決起側と裏取引まで画策していた人がいたことは明らかになっている。中央官衙で最初から断固鎮圧と主張していたのは、軍務局防備課長の安田武雄［岡山、大阪幼年、陸士二一期、工兵］だけだったという。彼は員外学生の出身で無天組の

篠塚義男

大島陸太郎

工兵だったが、事件中の態度から彼を軍事課長にしようという話すらあったとされる。身の安全が守られていれば、いくらでも正論めいた強硬論を口にできる。さらにいえば、事件中の己の姿を思い出し、あの醜態を知っている人を早くに追い払おうとしたとしか思えない。そうであっても参謀本部の総意となれば、人事当局としてはなにかしなければならない。そしてこの七月に待命となっていた者を一斉に予備役に編入した。

続いて八月には、三〇〇〇人の将校を対象とする大規模な人事異動があった。規模もさることながら、依願による予備役編入が多かったことが目を引いた。待命中ではないが、一身上の都合とか健康上の問題があるとかで、自ら予備役編入を願い出る形式のものだ。この形で予備役に入ったのは、台湾軍司令官の柳川平助［佐賀、陸士一二期、騎兵、陸大二四期］、第四師団長の建川美次、陸大校長の小畑敏四郎、野戦重砲兵第二連隊長（静岡県三島）の橋本欣五郎など、いずれも一言多くて扱いづらい人が狙われた。このむずかしい人達から手際良く予備役編入願いを取りまとめたのが、参謀本部総務部の庶務課員の冨永恭次だった。これが彼の栄達の始まりだ。

当初は復活待命をほのめかしておきながら、予備役編入としたのだが、どうやって予備役編入依願の提出を納得させたのか。人事当局は巧妙にも、戦時職務で厚遇するという約束手形を切っていたのだ。

日本陸軍は動員戦略を採っていたから、平時編制と戦時編制とがあり、平時から戦時への移行が動員、その逆が復員だ。動員時の補職は、現役、予備役、後備役（昭和十六年十一月に廃止）を問わず、年度末に各人に令達されていた。配置先は秘密とされていたが、上は方面軍司令官から大隊長、中隊長までの指揮官職が中心だ。このたび予備役に入られた方々には優先的に良い職務を用意しており、再び進級の機会もあり、金鵄勲章も夢ではありませんとやっていたわけだ。どうやってこの約束手形を落とせばよいのかと思案していた頃の昭和十二年七月に支那事変が突発した。

昭和十二年当時、平時から維持している常設師団一七個、うち野砲を装備する師団は一四個だった。その平時編制は人員一万一九〇〇人、馬匹一六〇〇頭だった。山砲装備の師団は人員、馬匹ともにこれより少し多かった。これが戦時編制に移行すると人員二万五四〇〇人、馬匹八二〇〇頭にまで膨れ上がる。この拡充のために予備役を召集する。戦時編制の師団が生まれても、その師管区でさらに動員を続け、戦時編制の師団をもう一個生み出す。これを「二倍動員」といわれるもので、新たに生まれた師団は特設師団と呼ばれていた。予算や動員基盤の問題から特設師団が編成できない場合もある。

昭和十二年度では、常設師団一七個、特設師団一三個の動員が計画されていた。朝鮮半島に配備されていた第一九師団（咸鏡北道羅南）と第二〇師団（京城・龍山）、近衛師団、第七師団（旭川）は特設師団を編成する計画はなく、最大に動員して三〇個師団に止まっていた。なお、高級司令部は、方面軍司令部二個、軍司令部八個の動員が可能と見積もられていた。

対中作戦での兵力運用計画は、次のようになっていた。河北省と山東省を中心とする華北で作戦する場合、最大で方面軍司令部一個、軍司令部二個、師団八個の投入が計画されていた。長江沿岸地域の華中で作戦する場合、上海、杭州、南京を結ぶ三角地帯の占領確保のためには、軍司令部二個、師団五個が必要と見積もられていた。台湾の対岸の華南で作戦する場合、台湾軍司令部の下に師団一個となっていた。対中全面対決となった場合、師団は一四個必要と見積もられていたことになる。

もちろん、中国との紛争が同時多発するものとは考えられておらず、むしろ対ソ戦備の充実の方が急務と考えられていた。また、広大な国土と数億人という人口を武器とした中国が日本軍を内陸部に誘い込み、長期持久戦となったならば、日本としては対応策はないことを承知していた。しかし、中国にある権益と在留邦人の現地保護を要請されれば、陸海軍は即応しなければならない。当時、天津と北京一帯に一万二〇〇〇人、青島と済南に二万人、上海を中心とする長江沿岸部に二万六〇〇〇人もの居留民がいた。

そして昭和十二年七月、盧溝橋事件となったが、参謀本部第一部長だった石原莞爾は、日中全面戦争になりかねないと、内地師団の動員を極力抑制していた。しかし、前述したように権益と居留民の現地保護が要請されれば、それに応じなければならない。結局、七月二十七日に内地の第五師団（広島）、第六師団（熊本）、第一〇師団（姫路）の動員が下令された。

そして同年九月、臨時軍事費特別会計となって予算面での制約がなくなり、あとは一瀉千里だ。盧溝橋事件から一年、全軍三四個師団となっており、昭和十二年度の計画数を越えてしまっていた。

この大量動員の熱気は、多くの軍人から冷静な判断力を奪ってしまった。二・二六事件の直後、軍事参議官一同の予備役編入を提議した阿部信行は、軍人らしからぬ如才ないタイプとして知られていた。ところが昭和十二年八月に北支那方面軍司令部が編成されることを聞き及んだ阿部は、どうしても自分がその司令官になると動き出した。これには無理からぬ事情もあった。彼は陸相代理は務めたが、軍事参議官のほか大将としての職務には就いていなかった。そこで、日本陸軍として初めて編成される方面軍の司令官となって大軍を指揮したいという気持ちはよくわかる。

さらに阿部は、金鵄勲章を持たない大将としても知られていた。彼は重砲兵の出身で、日露戦争中は長崎要塞に配置されていたため、金鵄勲章をものにする戦運に恵まれなかった。これは単なる巡り合わせだからそう気にすることでもないと思うが、本人としてはどうにも納得できない。そこで今回、方面軍司令官として出征すれば功一級間違いなしだ。こういった「百尺竿頭一歩を進む」といった向上心がない人は、大将にまで進めないということでもある。

陸士九期で同期の松井石根が召集され、上海派遣軍司令官に補されたのだから、阿部の北支那方面軍司令官もおかしくはない。本人も当然のことと出征の準備を整えていた。ところが北支那方面軍司令部は、在来の支那駐屯軍司令部を拡大改編するものとされ、そのため司令官は現役の寺内寿一が回ることとなった。阿部はいたく不満に思い、陸軍省を訪れて不満を訴え、陸相の杉山元も困り果てる一幕となった。

阿部の復活はなかったが、そのほかの復活人事は活発だった。二・二六事件当時、第一師団長だった堀丈夫は、盧溝事件の一週間後に召集され、それから一年間、留守航空集団司令官を務めた。粛軍人事で予備役に入った柳川平助、山岡重厚［高知、名古屋幼年、陸士一五期、歩兵、陸大二四期］、小畑敏四郎も召集された。柳川は第一〇軍司令官として杭州湾上陸作戦を指揮した。山岡は第一〇九師団長として山西省を転戦した。小畑は留守第一四師団長となった。なにかとうるさい人の口を塞ぐ召集とも思えるが、本人は武人の本懐と受け止めただろう。

第一師団の旅団長で予備役に追いやられた佐藤正三郎と工藤義雄は、昭和十二年九月に特設された第一〇一師団でそろって旅団長に補された。歩兵第一連隊長だった小藤恵も同じ時に召集され、第一八師団（久留米）の参謀長となり、中国戦線を転戦した。そして一旦は召集解除となったが、十四年二月に臨時召集となり参謀本部の支那事変史編纂委員、少将に進んで同委員長を務めている。小藤は昭和十八年十月に死去したが、そうでなければ名誉進級の形にせよ中将になった可能性もあった。これらの復活劇は、人事当局は乱発した約束手形を支那事変の突発によって落とせたことを意味する。

さらに現役ながら、学校配属将校や連隊区司令部などでくすぶっていた人達にも、多くの部下が与えられて出征、金鵄勲章をものにして進級するチャンスが生まれたのだからおおいに盛り上がる。このように軍人ならば誰にでも支那事変は福音だったのだ。そんななかで事変の拡大防止、早期解決という正論を叫んでも、熱気のなかでかき消されるほかなかった。

◆「東條人事」なるものの実態

それなりの地位にあった旧軍人が大東亜戦争を回顧する際、まずは人事にまつわる話から始めるようだ。東條英機による人事は乱暴で、あれでは「衆心、城を成す」とはならず、惨敗も無理からぬこととする話の運びだ。もちろん東條の恩顧にあずかった人も多くおり、「あの人事は冨永恭次の仕出かしたことで……」と東條を擁護する。すると「それを認めたのはだれか、だれが冨永を重用したのか。東條だったではないか」と反撃されるとお手上げとなり、「それはそうだが……」と口ごもるほかなくなる。どちらが正しいかは語るまでもないが、そもそもは東條の陸相就任からして、あまり良い結果を生まないサプライズ人事だったことから問題が始まっている。

陸軍次官を半年しか勤められず、追い出される形となった東條がどうして陸相なのか、そこからして不可解なトップ人事だった。昭和十五年七月、米内光政首相と畑俊六陸相が対立し、畑が辞表を提出、陸軍は後任陸相を推挙しない構えを見せたため内閣総辞職となった。本来ならば後任陸相については畑の意向が最大限反映されるが、倒閣させたということで畑は後任人事に口を挟まなかった。また、参謀総長は閑院宮載仁だったから、三長官会議が機能しないため、三次長の意向が問題となった。

当時、陸軍次官は阿南惟幾、参謀次長は沢田茂、教育総監部本部長は今村均だった。人事局長は、教育畑育ちの野田謙吾［熊本、熊本幼年、陸士二四期、歩兵、陸大三二期］で公平な立場な人だった。人事局長としての希望は、陸相人事が期別の秩序を取り戻すことにあった。これまでの陸相は、一二期の杉山元から一六期の板垣征四郎に飛び、その次は異例な昭和天皇の要望で一二期の畑俊六に戻っている。ここで一七期以降から陸相を出せば、人事的に望ましい形で流れ出す。

陸士は偶数期が優勢とされる通り、人材豊富な一六期と一八期に挟まれた一七期は、人材の層が薄いと評されていた。それでも一七期には、人事局長と軍務局長を歴任した後宮淳がいる。ところが後宮は、二・二六事件後の粛軍人事で無理をしたからか、中央官衙には「後宮忌避」という空気が濃かった。また、後宮は昭和十四年八月から関東軍の第四軍司令官だったから、団隊長は二年勤務という内規があるのですぐには抜けない。一七期からとすれば、陸軍省高級副官や参謀本部総務部長をやった飯田貞固［新潟、仙台幼年、陸士一七期、騎兵、陸大二四期］がいるが、彼も昭和十四年九月から山東省の第一二軍司令官だから、これも抜けない。

　参謀次長の沢田としては、陸相候補はいることはいるが、すぐにとなると東條だとした。沢田はシベリア出兵にも出征し、ハルピン特務機関長も務めた生粋の対ソ情報屋で、職務上は東條と接点はない。その彼がどうして東條を推したのか。沢田は次の次を考えていたのだろう。ここでまず陸相を一七期から出せば、その次は問題なく一八期に収まり、長期政権になるという読みだ。一八期には早くから陸相とささやかれていた山下奉文、陸軍次官をやった山脇正隆、そして沢田と阿南も一八期、さらにこの四人、そろって幼年学校は広島だ。沢田の意見には阿南も従うし、一期先輩の二人が東條案で同意しているのならば、教育総監部本部長で一九期の今村が口を出す必要はない。

　こうして陸相は東條となったのだが、それでも難色を示す向きもあった。まず、彼は親補職の師団長をやっていない。草創期や士官候補生制の時代には、師団長を経験しないで陸相になったケースもかなりあったが、士官候補生制になってからは、その例はない。ちなみに最後の陸相となった下村定も師団長を経験していない。しかし、東條は航空総監に就いており、これは親補職だから経験した職務に問題はないとされた。また、陸軍による倒閣という形だったから、急いで後任陸相を決めなければならず、在京の東條に落ち着いた。

　第二次近衛文麿内閣は昭和十五年七月の成立だったから、八月の定期異動における東條色の人事はごく限られていた。その一つに補任課長の交替があり、人事は人事部局の異動からという定石通りだ。また補任課長の額田坦［岡山、広島幼年、陸士二九期、歩兵、陸大四〇期］は、課長在任三年を越えていたから、ここで異動は妥当なところだが、事情を知る者の間では、これは東條の意趣返しで、東條人事の先行きを不安視した。

昭和十三年五月、陸軍次官に就任した東條は周囲を腹心で固めようとし、人事局長や補任課長を通さないで高級課員だった額田に直接、無理な引き抜き人事を押し付けた。これがなかなか東條の思うようにはいかず、額田に悪い印象を持った。さらには東條が陸軍次官の時、彼を師団長に転出させ、そのまま予備役に追いやる動きが人事局にあり、これに額田も関与していたのではないかと語られ、その意趣返しだということだった。

そこで陸相として自由に人事がやれるよう、額田を蒙疆にあった第二六師団の連隊長に飛ばし、後任に参謀本部第三課長（編制動員課）の那須義雄［熊本、名古屋幼年、陸士三〇期、歩兵、陸大四〇期］とした。那須が関東軍の参謀の時、上司の参謀長が東條だ。那須は東條が首相に就任する前の昭和十六年十月、第一八師団の連隊長に転出して出征し、後任は参謀本部第二課長（作戦）も務めた岡田重一［高知、大阪幼年、陸士三一期、歩兵、陸大四一期］となった。東條が関東軍参謀長の時、岡田が作戦主任という関係だ。そしてなんと、東條が失脚する昭和十九年七月まで岡田は補任課長に止まった。

関東軍参謀長時代に培った人脈を東京に持ち込み、それに人事を任せるという東條の施策の集大成が冨永恭次の人事局長だった。冨永が関東軍司令部の第二課長（情報）の時、東條が参謀長だ。この頃、冨永は田中隆吉らと組んで内蒙工作を進めていたが、これとの関係もあって冨永と東條は親密になり、「あの二人は特別な関係」とか「腐れ縁」と語られるようになった。この二人には短兵急なところがあり、とかく感情的になりがちだった。似た者同士を組み合わせる人事は、結果が悪いといわれるが、東條と冨永はその格好なケースとなった。

冨永は板垣征四郎にも受けが良く、板垣の置き土産人事で昭和十四年九月から参謀本部第一部長の要職に就いていた。ところが北部仏印（ベトナム）進駐が不手際の連続となったばかりか、現地指導に乗り込んだ冨永に越軌の行動が目に余るとされ、帰国後の報告の席で参謀次長の沢田茂に停職を申し渡され、公主嶺の戦車学校長に飛ばされた。ところが五カ月で中央復帰、それもなんと人事局長なのだから不可解なことだった。さらには、昭和十八年三月には陸軍次官となり、人事局長も兼務したのだから、これこそ横暴な東條人事というものだ。

また一つ、東條が満州から持ち込んだものが、憲兵の活用だ。彼は憲兵とは縁がなかったが、旅団長を終えて第一二師団付という不安定な立場にいた時、同期で人事局長だった後宮淳が心配して関東憲兵隊司令官に押し込んだとされる。ここで東條は憲兵を使う妙味を知り、満州の憲兵の中に人脈を培った。憲兵司令官を務めた加藤泊次郎［山口、陸士二二期、砲兵、憲兵転科］、東京憲兵隊長として辣腕を振るった四方諒二［兵庫、大阪幼年、陸士二九期、歩兵、憲兵転科」がその代表だ。

東條政権下、政敵などの圧迫に憲兵が動員されたことは広く知られているが、内務省の「特高（特別高等警察）」と混同されているきらいもある。もちろん憲兵は捜査権を持っているから、人事情報の収集には格好な組織だ。しかし、性悪説を採る憲兵のフィルターを通せば、かなり偏った評価になる。それを基に人事を行なえば陰鬱とした雰囲気となり、不満は鬱積する。

憲兵隊による情報収集のほかに、陸軍省は昭和十三年八月に陸相直属の調査部を設けた。ここで主に政界、官界の情報を収集し、科学防諜も扱っていた。科学防諜とはなにかといえば、電話の盗聴・録音、小型カメラによる盗撮、信書の開封などだったという。戦前でも明らかに脱法行為だが、二・二六事件中には戒厳令下の特例ということで電話の盗聴・録音、信書の開封が行なわれていた。支那事変が起こり、事実上戦時ということで、これまた特例とされたのだろう。

昭和十六年六月、陸軍省新聞班の勤務が長い三国直福が調査部長に就任してから、活動が本格化したため、調査部は「三国機関」と呼ばれていた。そして昭和十八年三月まで三国が調査部長に在任しており、この部署の高い機密性を物語っている。この三国機関の監視網は軍内にも及んでいただろうが、それが人事とどうリンクしていたのかについては明らかではない。もし、軍の人事に影響力を及ぼしていたとすれば、三国機関はソ連のＮＫＶＤ（内務人民委員部、ＫＧＢの前身）に相当するものとなり、軍の人事を陰惨なものとしたのではないかといえよう。

東條人事というものについては、さまざまに語られてきたが、端的にいえば自己保存本能に基づくものだとすれば理解しやすい。東條は首相となってから、陸相、内相、軍需相を兼任し、果ては参謀総長にまで手を伸ばし、権勢欲の権化と失笑を買っていた。しかし、彼の指針はただ一つ、人事権を握る陸相のポストだけは死守するということにあった。そしてその戦術は、陸相に取って代わる可能性のある者は、東京に置かないというものだった。自分はたまたま航空総監として東京にいたから、陸相というポストが転がり込んで来たことをよく承知していた。そのため、多くの有為な人材が東京から遠ざけられた。それが東條に睨まれて戦地に飛ばされたという話に発展したわけだ。

そもそも南方軍の高級人事は、東條に対抗する可能性がある者を外地に飛ばすためのものだとも言える。なぜ寺内寿一を最後まで南方軍総司令官だったのか。寺内が内地にいれば、首相の座を奪われかねないと東條は考えていたからだ。早くから陸相候補とされていた山下奉文を東京に置いておけば、陸相の座を脅かしかねない。それだからシンガポールを攻略した山下は、上京して軍状奏上の機会も与えられず、第一方面軍司令部があった牡丹江に直行するよう命令されたわけだ。

東條が陸相に就任した時、陸軍次官は阿南惟幾だった。ところが性格が合わなかったのか、阿南が愛想を尽かした形となり、華中の第一一軍司令官に転出、続いてまずは関東軍の、続いて豪北の第二方面軍司令官に回った。阿南が航空総監となって東京に戻ったのは、東條退陣後の昭和十九年十二月のことだった。

◆伝統を否定した究極の最高人事

日本は「自存自衛」を戦争目的に掲げ、対英米戦に踏み切った。この戦争目的を達成するには、獲得した南方資源を内地に還送して戦力化しなければならない。従って日本の勝敗は、海上連絡路の安全を確立し、それを維持し続けられるかどうかにかかっている。昭和十八年に入ると主に潜水艦による米軍の海上交通破壊戦が本格化し、この一年で日本は四六三隻・一七六万八〇〇〇総トンの船舶を失った。

日本は陸軍徴傭のA船、海軍徴傭のB船、民需向けで主に南方資源の内地還送に当たるC船と区分けして、船舶を運用していた。政府としてはC船を増強して南方資源をより多く内地に送り込みたい。ところが陸海軍はA船、B船の補填を強く求め、C船はやせ細る。海軍は「首相は陸相でもあるのだから、陸軍の要求を抑えてそれを海軍に回してもらいたい」と迫る。その一方、陸軍は「首相は陸相でもあるのだから、少しは陸軍のことを考えてもらいたい」と求め、東條は陸海軍の板挟みになっていた。

米軍の海上交通破壊戦はいよいよ激烈なものとなり、昭和十九年一月の月間船舶喪失量は、九三隻・三二万三〇〇〇総トンに達した。そんな同年二月十七日、十八日の両日、米第五八機動部隊がトラック環礁を痛撃した。二月一日、米軍はマーシャル諸島のクェゼリンとメジュロに上陸したが、続いてトラックが奇襲されかねないと連合艦隊は内地やパラオに退避した。そして取り残された輸送船団がまさに奇襲された。この一撃でA船四隻とB船二八隻、合計一九万九〇〇〇総トンが消えてしまった。ちなみにこの二月の一カ月間で一二九隻・五二万八〇〇〇総トンの船舶が失われている。

これでさらに船舶の争奪戦が激化し、C船を確保できなくなりかねない。そこで東條が首相として下した裁断が、国務と統帥の一体化だった。陸相と海相が個人として参謀総長と軍令部総長の職務に就くという究極の人事施策だ。こうすれば東條は、陸軍の統帥部を統制できるし、首相として海相を統制すれば、海軍の統帥部も間接的に抑えることができる。

話は簡単だが、法制的にはなかなかむずかしい問題がある。陸相と海相は文官の閣僚として天皇の軍政大権を「輔弼」している。参謀総長と軍令部総長は、武官として天皇の軍令大権を「輔翼」している。天皇との関係が異なるため、また文官と武官の違いがあるのでこれを兼務することはできず、「兼摂」という表現をしなければならないのだそうだ。ともあれ、明治建軍以来の伝統を覆すものだ。

昭和十九年二月十九日、この問題はまず陸軍三長官会議に掛けられた。参謀総長の杉山元は、統帥が政治に引きずられると強く反対し、統帥部がヒトラーに引きずられたことがスターリングラードの敗因だと例を引いて強調した。すると東條は、「ヒトラーは兵卒の出身、それと一緒にされては困る。自分は大将である」と意味もない見栄を切ったという。さらに杉山が、「こんな常則を破壊するようなことをしたら、陸軍部内が収まらない」というと、東條は「もし文句を言う者があれば、取り換えればよい。文句は一切言わせない」と感情的になり、手の付けようがなくなった。

見かねた教育総監の山田乙三が、「統帥、軍政、教育の三権分立でやってきたことは当然だ。しかし、ここまで情勢が逼迫してきた以上、陸相の言うことも変則的なやり方として一つの方法ではないか」ととりなし、二対一で東條案が通った。先行きを案じた杉山は、憂慮の念を内奏したが、昭和天皇も東條案に同意した。なにごとも陸軍と対等が海軍のスタンスだから、海相の嶋田繁太郎が軍令部総長を兼摂するという話になる。これに軍令部総長の永野修身が同意しない。そこで嶋田は、伏見宮博恭を動かして永野を納得させた。

新体制では参謀次長は二人制とし、高級次長は中部軍司令官の後宮淳、次級次長は次長だった秦彦三郎とした。海軍も同様で航空本部長の塚原二四三が高級次長、次級次長はそれまで次長だった伊藤整一とした。

この究極の人事施策に対する各界の反応だが、軍政と軍令の混交がどういった根源的な問題かを論議しようとしても、東條が激怒することはわかっているから、「東條の権勢欲もついにここまで来たか」とか「これを東條幕府という」といった陰口のレベルに止まった。また、東條と後宮は陸士同期だから、「露骨な情実人事」という声もあった。海軍では、「嶋田はまた伏見宮を持ち出して、永野を追い落とし、自分が居座った」とか「やはり嶋田は東條の副官だ」といった次元の話で終始した。

頽勢をどうにか挽回しようとの焦燥感から、なにかしなければという気持ちに東條がなったことはよく理解できる。しかし、最高レベルの人事措置を講じても、船腹量の問題が解決するはずもない。そして連合軍の進攻はいよいよ苛烈なものとなり、昭和十九年七月にサイパン島の守備隊が玉砕、日本のほぼ全域がB29爆撃機の行動半径に入った。これに浮足立った元老は倒閣運動を始めた。

これに対応すべく東條は、内閣の強化と政局の安定を図るため、内大臣の木戸幸一と協議した。その席上、木戸は次の三点を要望した。

一、総長と大臣を切り離して統帥を確立させる。

二、海軍大臣を更迭する。

三、重臣を入閣させ挙国一致内閣を作る。

この三点の要望は、木戸個人のものではなく、重臣一同のものと理解した東條は、これに沿って内閣改造を行なうこととした。まず、統帥の確立ということで、昭和十九年七月十四日に東條は両統帥部長を専任とする旨を上奏、翌十五日に高級次長の後宮淳を総長に昇格させることとした。

ところがどうしたことか、参謀本部は一丸となってこの人事に反対した。たまたま、秦次長が出張中だったこともあってか、参謀本部の筆頭課長の服部卓四郎が陸軍次官兼人事局長の冨永恭次に、「後宮参謀総長案には不同意、梅津美治郎もしくは畑俊六を望む」と申し入れた。冨永が「佐官風情がなにを言う」と一喝して終わりかと思いきや、どうしたことかこれを参謀本部案として東條に伝えた。「内奏済みだ、文句を言う奴はつまみ出す」と激怒するかと思えば、なんと東條は梅津参謀総長案で内奏をやり直した。

追い詰められて弱気になった様子がよくわかるが、そこには東條なりの計算があったはずだ。梅津が関東軍総司令官のままだと、すぐさま梅津陸相案が浮上してきて、東條が権力基盤として死守したい陸相ポストを失いかねない。そこで前もって梅津を参謀総長に据えたということだ。もう一人の陸相候補となる畑は、支那派遣軍総司令官として一号作戦という大作戦を指揮している最中だから動かせないといえる。

東條の真意はともあれ、参謀総長は梅津美治郎で収まり、その後任の関東軍総司令官は教育総監の山田乙三、後任の教育総監には杉山元が回った。難航が予想された嶋田の更迭だが、本人は快く海相辞任に同意し、軍令部総長には暫定的に止まることとなった。後任の海相には呉鎮守府司令長官の野村直邦［鹿児島、海兵三五期、水雷、海大甲一八期］となった。

これで木戸が提示した三項目のうち、残るは挙国一致の内閣改造だ。内閣としては阿部信行、米内光政、広田弘毅の三人の入閣を考えていた。そうなると閣僚の定員超過となるため、まず無任所大臣だった岸信介に辞任を求めた。ところが岸は辞表の提出を強く拒んだ。そのうえ、米内と広田は入閣を断ってきた。これで東條内閣は閣内不一致となり、七月十八日に総辞職となった。

それでもなお東條は、陸相留任を強く望んだ。たとえ首相でなくとも、陸軍の人事を握る陸相であれば、権力は保持できるからだ。後任陸相を詮衡する三長官会議が開かれたが、同席していた冨永は東條の意向を代弁する形で、陸軍の動揺を抑えるためにも東條の陸相留任を提案した。するとすぐさま梅津が「君が陸相に留任すれば部外から陸軍が破壊される」と強く反対した。

その席に、入閣を断った米内が副総理格で入閣するとの一報が入ると東條の態度が一変し、「米内の下では陸相はやれない」と辞職を表明し、予備役編入も申し出た。後任の陸相をだ

野村直邦

杉山元

れにするかだが、急なことなので教育総監在任五日の杉山となり、後任の教育総監は代理の形で野田謙吾となった。また、米内が現役復帰の上、海相となったため、実質在任一八時間の野村直邦は海相を辞職することとなった。敗戦へ向けてのドタバタ劇の始まりだ。

東條内閣の総辞職後、首相は小磯国昭、鈴木貫太郎、陸相は杉山元、阿南惟幾、参謀総長は梅津美治郎、軍令部総長は及川古志郎、豊田副武と移り変わったが、なす術もなく終戦を迎えたというのが実情だったろう。そして最後の場面で人事を巡って軍紀の崩壊を見ることになってしまった。

平戦時を問わず、人事の内示を受けたならば、黙って受け入れて任地に向かうか、それとも依願して予備役に入るか、道は二つだけだった。それこそが帝国陸海軍の軍紀というものだ。ところが本土決戦準備を進める中で、人事内示を拒否する事件が起きた。

昭和二十年三月、本土決戦のため鈴鹿山脈を境にして、東に第一総軍、西に第二総軍を配置することとなった。最後の決戦ということでもあるため皇族の出馬を願い、第一総軍司令官には東久邇宮稔彦［東京幼年、陸士二〇期、歩兵、陸大二六期］、第二総軍司令官には朝香宮鳩彦［東京幼年、陸士二〇期、歩兵、陸大二六期］と決まり、内奏も済まして本人に内示した。すると二人そろって、今さら国土を二分して決戦するなど論外だとし、この人事内示を拒否した。そこで共に元帥の杉山と畑の出馬となったが、高級人事での最初で最後の汚点となった。

終章にかえて——武装集団の人事の在り方

軍隊の人事には、進級と補職という二つの面がある。旧日本軍では階級に職務が付いてくる形を採っていたので複雑になり、そのためどこにでも人事に関する不平不満の種が潜んでいた。ある人が進級し、満足できる職務に就いたとしても、その人が進級したため、抜擢の枠に入れなかった人もいるし、その職務から押し出された人の新しい職務が本人は不満とする場合などと、誰もが満足する人事はありえないと断言してもよいだろう。

戦時下のインフレ人事でも、人事に関する不満の声は収まらない。人には欲というものがあるからだ。平時ならばよくて連隊区司令官の大佐止まりの人が、親補職の師団長となっても満足しない。その師団は独立歩兵大隊からなる治安師団で、連隊がないので「軍旗のない師団」なことが不満なのだ。そのくらいの向上心がない軍人というのも困った存在だから、話はむずかしくなる。

しかし、人事に不満で予備役編入を依願して軍を去る人はごくまれで、ほとんどは不平不満をグッと飲み込み、承詔必謹と任地に赴いた。どうして従順なのかと考えれば、その人事を決めた者は同じ軍服を着ており、しかも陸士、海兵の同窓生だからだ。さらには浪花節になるが、「生まれた時は違っても、命日は同じ」になるかも知れないのだから、そう大きな声で不満を口に出せない。そんなことでどうにか収まってきたのだが、昭和十一年の二・二六事件で、それが限界に達してしまったのかと憂慮されるようになった。

そこで二・二六事件の後始末が一段落した昭和十一年九月、寺内寿一陸相と永野修身海相は、連名で行政機構改革共同意見書を広田弘毅首相に提出した。それによると、重要な国策に関する調査、予算措置を統括する機関を設けて首相直属とする。また、人事行政を中央統制し刷新を図る機関を設け、これまた首相直属にするとした。予算と人事の両面で内閣の権限を強化し、日本を牽引するという趣旨だった。

しかし、政党各派はこれは議会の権限を阻害するものと反発し、これも一つの要因となって広田内閣は総辞職となった。これで予算と人事の中央統制を強化する構想の熱も冷め、さらにすぐに支那事変となり、それどころではなくなった。ところが平成二十六年五月、内閣官房に「内閣人事局」なるものが内部部局の一つとして新設された。前述した広田内閣の時に構想された首相直属の人事統制機関が、時空を超えて蘇ったのかと感じた人も多かったはずだ。

人事行政の中央統制や一元化は、理想的な考え方であろうし、効率的であることは間違いない。しかし、なぜこれまで人事管理が一元化できなかったかを考えなければならない。業務の内容や人間関係もわからない部外者が人事に口を出せば、混乱をもたらし、収拾がつかなくなるからだ。その組織の実態を把握していないのだから、単なる噂話や出所不明な情報、また性悪説のフィルターにかけた資料による人事、さらには情実人事や恣意による人事に陥りかねない。

階級を徽章で明示し、命令系統が明確かつ厳格で、命令と服従によって律せられる武装集団の人事が、その実情を知らない者が扱ったならば亡国の憂き目を見かねない。やはり同じ制服の者、価値観念を同じにする者に人事を委ねなければならない。それを長い軍隊の歴史が示している。

二〇二一年　師走

藤井非三四

主要参考文献一覧＊成田篤著『陸海軍腕くらべ』大日本雄弁会、一九二七年＊桑木崇明著『陸軍五十年史』鱒書房、一九四三年＊佐藤市郎著『海軍五十年史』鱒書房、一九四三年＊高木惣吉著『連合艦隊始末記　付陸海軍抗争記』文藝春秋新社、一九四九年＊福留繁著『海軍の反省』出版協同社、一九五一年＊松村秀逸著『三宅坂』東光書房、一九五二年＊田中隆吉著『日本軍閥暗闘史』中公文庫、一九八八年＊今村均著『私記・一軍人六十年の哀歓』芙蓉書房、一九六〇年＊山崎正男編『陸軍士官学校』秋元書房、一九六九年＊大谷敬二郎著『軍閥　二・二六事件から敗戦まで』図書出版社、一九七一年＊松下芳男著『日本軍閥の興亡』芙蓉書房、一九七五年＊額田坦著『陸軍省人事局長の回想』芙蓉書房、一九七七年＊香椎究一編『香椎戒厳司令官　秘録二・二六事件』永田書房、一九八〇年＊赤松貞雄著『東條秘書官機密日誌』文藝春秋、一九八五年＊豊田穣著『海軍軍令部』講談社、一九八七年＊吉田俊雄著『海軍参謀』文春文庫、一九九二年＊西浦進著『昭和陸軍秘録　軍務局軍事課長の幻の証言』日経新聞出版社、二〇一四年＊廣瀬彦太郎編『帝国海軍史要』海軍有終会、一九三八年＊外務省編纂『終戦史録』新聞月鑑社、一九五二年＊日本外交学会編纂『太平洋戦争原因論』新聞月鑑社、一九五三年＊防衛庁戦史室編『戦史叢書』関係各巻、朝雲新聞社＊外山操編『陸海軍将官人事総覧［陸軍編］［海軍編］』芙蓉書房、一九八一年＊秦郁彦編『日本陸海軍総合事典』東京大学出版会、一九九一年

ＮＦ文庫書き下ろし作品

人名索引

陸軍

[ア]

[カ]

NF文庫

帝国陸海軍 人事の闇

二〇二二年二月二十三日 第一刷発行

著 者 藤井非三四

発行者 皆川豪志

発行所 株式会社 潮書房光人新社

〒100-8077 東京都千代田区大手町一-七-二

電話／〇三-六二八一-九八九一代

印刷・製本 凸版印刷株式会社

定価はカバーに表示してあります

乱丁・落丁のものはお取りかえ致します。本文は中性紙を使用

ISBN978-4-7698-3249-2 C0195

http://www.kojinsha.co.jp

NF文庫

刊行のことば

第二次世界大戦の戦火が熄《や》んで五〇年――その間、小社は夥しい数の戦争の記録を渉猟し、発掘し、常に公正なる立場を貫いて書誌とし、大方の絶讃を博して今日に及ぶが、その源は、散華された世代への熱き思い入れであり、同時に、その記録を誌して平和の礎とし、後世に伝えんとするにある。

小社の出版物は、戦記、伝記、文学、エッセイ、写真集、その他、すでに一、〇〇〇点を越え、加えて戦後五〇年になんなんとするを契機として、「光人社NF（ノンフィクション）文庫」を創刊して、読者諸賢の熱烈要望におこたえする次第である。人生のバイブルとして、心弱きときの活性の糧《かて》として、散華の世代からの感動の肉声に、あなたもぜひ、耳を傾けて下さい。

＊潮書房光人新社が贈る勇気と感動を伝える人生のバイブル＊

NF文庫

日中戦争 日本人諜報員の闘い

吉田東祐

近衛文麿の特使として、日本と中国の間に和平交渉の橋をかけようと尽瘁、諜報の闇と外交の光を行き交った風雲児が語る回想。

立教高等女学校の戦争

神野正美

ある日、学校にやってきた海軍「水路部」。礼拝も学業も奪われ、極秘の作業に動員された女学生たち。戦争と人間秘話を伝える。

駆逐艦「野分」物語

若き航海長の太平洋海戦記

佐藤清夫

駆逐艦乗りになりたい！ 戦艦「大和」の艦長松田千秋大佐に直訴し、大艦を下りて〝車曳き〟となった若き海軍士官の回想を描く。

B-29を撃墜した「隼」

関利雄軍曹の戦争

久山 忍

南方戦線で防空戦に奮闘し、戦争末期に米重爆B-29、B-24の単独撃墜を記録した、若きパイロットの知られざる戦いを描く。

海防艦激闘記

隈部五夫ほか

護衛艦艇の切り札として登場した精鋭たちの発達変遷の全貌と苛烈なる戦場の実相！ 輸送船団の守護神たちの性能実力を描く。

カンルーバン収容所 最悪の戦場残置部隊ルソン戦記

山中 明

「生キテ虜囚ノ辱シメヲ受ケズ」との戦陣訓に縛られた日本将兵は戦い敗れた後、望郷の思いの中でいかなる日々を過ごしたのか。